四川省"十四五"职业教育省级规划教材
高等职业教育经管通识课程精品系列教材

会计基础实训

（第3版）

主　编　李建民　盛　强　黄世洁
副主编　谭　燕　刘　韦　彭　倩
　　　　弋微微　杨金梅
主　审　张　煜

北京理工大学出版社
BEIJING INSTITUTE OF TECHNOLOGY PRESS

版权专有　侵权必究

图书在版编目（CIP）数据

会计基础实训 / 李建民，盛强，黄世洁主编. -- 3版. -- 北京：北京理工大学出版社，2023.10
ISBN 978-7-5763-3070-0

Ⅰ. ①会… Ⅱ. ①李… ②盛… ③黄… Ⅲ. ①会计学-高等职业教育-教材 Ⅳ. ①F230

中国国家版本馆 CIP 数据核字（2023）第 200605 号

责任编辑：封　雪	文案编辑：封　雪
责任校对：周瑞红	责任印制：施胜娟

出版发行	/ 北京理工大学出版社有限责任公司
社　　址	/ 北京市丰台区四合庄路 6 号
邮　　编	/ 100070
电　　话	/（010）68914026（教材售后服务热线）
	（010）68944437（课件资源服务热线）
网　　址	/ http：//www.bitpress.com.cn
版 印 次	/ 2023 年 10 月第 3 版第 1 次印刷
印　　刷	/ 唐山富达印务有限公司
开　　本	/ 710 mm×1000 mm　1/16
印　　张	/ 12
字　　数	/ 246 千字
定　　价	/ 33.00 元

图书出现印装质量问题，请拨打售后服务热线，负责调换

前　言

本书是国家在线精品课程"会计基础"配套教材，四川省"十四五"职业教育省级规划立项建设教材。自第2版出版以来，深受使用者好评。为更好地服务立德树人根本目标，聚焦课程思政改革，适应数字经济新发展，紧跟财税新政策、技术新需求，在第2版的基础上进行了修订。

本书根据《国家职业教育改革实施方案》要求，根据企业会计准则新要求，坚持"数智赋能、以生为本，就业导向"，依据我国最新会计制度准则，产教融合，校企合作，依据企业真实业务，注重学生会计理念和会计职业思维的培养。全书共分三大模块，包括基本操作规范与实训、会计基础手工实训、综合模拟测试及附录。本书具有以下特点：

- 易学性。本书通俗易懂、循序渐进。从会计书写开始，之后规范训练会计凭证、会计账簿、会计报表及资料整理等，符合学生认知过程和接受能力，浅显易懂。

- 仿真性。本书采用企业真实案例，以嘉陵纺织有限责任公司2023年5月发生的60笔会计业务处理为任务驱动，以会计基础工作项目为顺序，学生通过全部项目的手工操作，练就独立处理全套账务的基本会计工作技能。

- 内容新。本书以我国最新的会计制度准则为依据，在编写过程中借鉴了大量同类教材的优点，并注意吸收当前企业会计前沿的新理论、新方法。

- 适应性。本书既强化会计基础入门，也强调会计职业能力的培养，拓宽学生视野。

本教材特邀南充职业技术学院张煜教授担任主审，对该书进行了全面审核。本教材由李建民（四川文轩职业学院）、盛强（南充职业技术学院）、黄世洁（贵州城市职业学院）担任主编，谭燕（广安职业技术学院）、刘韦（四川文轩职业学院）、彭倩（贵州城市职业学院）、弋微微（南充职业技术学院）、杨金梅（四川文轩职业学院）担任副主编。李建民、盛强、黄世洁设计了本书的编写大纲，并负责全书的统稿和最后定稿工作。全书具体分工如下：模块一由李建民、谭燕编写；模块二由盛强、弋微微、刘韦编写；模块三由黄世洁、杨金梅编写；附录一手工实训答案由林榆斐（南充职业技术学院）编写；附录二综合模拟测试答案由彭倩、彭智平（四川恒一会计师事务所）编写。

本书适用于高职高专会计、财务管理专业及经管类相关专业的教学，也可作为经营管理人员和广大会计爱好者的入门参考用书。

  由于作者水平有限，书中难免存在疏漏，敬请广大师生与读者提出修改意见，以便再版时修订。对本书的意见与建议，请发电子邮件至 ncsheng@126.com，谢谢！

编 者

目　　录

模块一　基本操作规范与实训 …………………………………… 003

实训项目一　会计书写规范 ………………………………… 003
实训项目二　会计凭证规范 ………………………………… 012
实训项目三　会计账簿规范 ………………………………… 020
实训项目四　财务报告编制规范 …………………………… 026

模块二　会计基础手工实训 …………………………………………… 034

模块三　综合模拟测试 ……………………………………… 117

综合模拟测试（一）……………………………………… 117
综合模拟测试（二）……………………………………… 124
综合模拟测试（三）……………………………………… 132
综合模拟测试（四）……………………………………… 141
综合模拟测试（五）……………………………………… 149
综合模拟测试（六）……………………………………… 156
综合模拟测试（七）……………………………………… 163
综合模拟测试（八）……………………………………… 169
综合模拟测试（九）……………………………………… 177

会计基础手工实训

模块一
基本操作规范与实训

实训项目一　会计书写规范

一、会计书写基本规范

会计书写规范是指会计工作人员，在经济业务活动的记录过程中，对接触的数码和文字的一种规范化书写及书写方法。会计工作离不开书写，书写规范是反映会计工作质量的一面镜子，也是体现会计人员素质的一张名片。一个合格的会计人员，首先书写应当规范，这样才能正确、清晰地书写计算结果，为决策者提供准确、可靠的会计信息，更好地为经济决策服务。

会计书写的内容包括阿拉伯数码字的书写和汉字书写两个部分。在一些"外资"企业，有时需用外文记账，外文字母的书写也应当规范。

会计书写基本规范的要求：正确、规范、清晰、整洁、美观。

（1）正确。其指对业务发生过程中的数字和文字要准确、完整地记录下来，这是书写的基本前提。只有对所发生的经济业务正确地反映出其发生的全过程、内容及结果，书写才有意义。

（2）规范。其指对有关经济活动的记录书写一定要符合财会法规和会计制度的各项规定，符合对财会人员的要求。无论是记账、核算、分析还是编制报表，都要书写规范，数字准确，文字适当，分析有理，要严格按书写格式书写，文字以国务院公布的简化汉字为标准，数码字按规范要求书写。

（3）清晰。其指字迹清楚，容易辨认，账目条理清晰，使人一目了然，无模糊不清之感。

（4）整洁。其指账面干净、清洁，文字、数码字、表格条理清晰，整齐分明。书写字迹端正，大小均匀，无参差不齐及涂改现象。

（5）美观。其指书写除准确、规范、整洁外，还要尽量使结构安排合理，字迹流畅、大方，给人以美感。

会计工作人员一般都要有两枚名章，一枚方形姓名章，用于原始凭证、记账凭证、会计报表等指定位置的签章；另一枚为小长方形姓名章，用于更正数字。在凭证、账簿、报表上盖名章时，一般用红色印油。在各种会计资料上签名时，要签姓名全称。

二、数码字书写规范

阿拉伯数字书写规范是指要符合手写体的规范要求。阿拉伯数字，是世界各国的通用数字，书写的顺序是由高位到低位，从左到右依次写出各位数字。

1. 数码字书写的要求

（1）高度。每个数码要紧贴底线书写，其高度占全格的1/2。除"6""7""9"外，其他数码高低要一致。"6"的上端比其他数码高出1/4，"7"和"9"的下端比其他数码伸出1/4。

（2）角度。各数码字的倾斜度要一致，一般要求上端向右倾斜60度。

（3）间距。每个数码字要大小一致，数码字排列应保持同等距离，每个字上下左右要对齐。在印有数位线的凭证、账簿、报表上，每一格只能写一个数字，不得几个字挤在一个格里，也不得在数字中间留有空格。

（4）要保持个人的独特字体和本人的书写特色，使别人难以模仿或涂改。

除此之外，不要把"0"和"6"、"1"和"7"、"3"和"8"、"7"和"9"写混。在阿拉伯数码的整数部分，可以从小数点起向左按"三位一节"空1/4汉字的位置或用分位点"，"分开。

2. 单个数码字的书写要领

"0"：紧贴底线，圆要闭合，不宜过小，否则易被改为"9"；几个"0"连写时，不要连笔。

"1"：要斜而直，长于其他数字，否则易被改为"4""6""7""9"等数字。

"2"：不能写成"Z"，落笔应紧贴底线，否则易被改为"3"。

"3"：拐弯处要光滑流畅，起笔处至拐弯处距离不宜过短，否则易被改为"5"。

"4"：折角不能圆滑，竖要斜写，横要平直且长，否则易被改为"6"。

"5"：横、钩必须明显，不可拖泥带水，否则易被改为"8"，或与"8"混淆。

"6"：起笔在上半格的1/4处，下圆要明显，否则易被改为"4""8"等数字。

"7"：横稍长，平直明显，竖稍斜，拐弯处不能圆滑，否则易与"1""9"混淆。

"8"：上下两个圆要明显可见。

"9"：上部的小圆应闭合，不留间隙，竖稍长，略微出底线，否则易与"4"混淆。

3. 数码字书写错误的更正方法

数码字书写错误一般采用划线更正法。如写错一个数字，不论在哪位，一律用红线全部划掉，在原数字的上边对齐原位写上正确数字。

三、文字书写规范

文字书写是指汉字书写。与经济业务活动相联系的文字书写包括数字大写和企业名称、会计科目、费用项目、商品类别、计量单位以及摘要、财务分析报表的书写等。

1. 文字书写的基本要求

（1）简明扼要且准确。其指用简短的文字把经济业务发生的内容记述清楚，在有格限的情况下，文字数目多少，要以写满但不超出该栏格为限。会计科目要写全称，不能简化，子、细目要准确，符合会计制度的规定，不能用表述不清、记叙不准的语句或文字。

（2）字迹工整清晰。其指书写时用正楷或行书，不能用草书；字体不宜过大或过小，一般占格距的1/2为宜，落笔在底线上，过大不便改错，过小则不便阅读；不能过于稠密或过于稀疏，要适当留字距；不能大小不一。

2. 中文大写数字的写法

中文大写数字主要包括零、壹、贰、叁、肆、伍、陆、柒、捌、玖、拾、佰、仟、万、亿、元、角、分、整（正）。中文大写数字是用于填写需要防止涂改的销货发票、银行结算凭证、收据等，因此，在书写时除满足文字书写基本要求外，还不能写错。如果写错，则本张凭证作废，需重新填制凭证。

（1）大写金额数字的书写要求。

①大写金额前要冠以"人民币"字样，"人民币"与金额首位数字之间不留空位，数字之间更不能留空位，写数与读数顺序要一致。如果未印货币名称，应加填货币名称。

②人民币以元为单位，元后无角分的需要写"整"字。如果到角为止，角后也可以写"整"字；如果到分为止，分后不写"整"字。

③金额数字中间有"0"时，中文大写金额数字要写"零"；金额数字中间连续有几个"0"时，可只写一个"零"字，如"￥300.50"，应写作人民币叁佰元零伍角整；金额数字万位或元位是"0"，或万位、元位是"0"但仟位、角位不是"0"时，中文大写金额数字可以只写一个"零"字，也可不写"零"字，如"￥600 010.50"应写成人民币陆拾万壹拾元伍角整或人民币陆拾万零壹拾元零伍角整。

④当中文数字首位是"1"时，前面必须写上"壹"字，如"￥16.74"应写成"人民币壹拾陆元柒角肆分"；又如"￥100,000.00"应写成"人民币壹拾万元整"。在拾、佰、仟、万、亿等表示数位的文字前必须有数字，如拾元大写应写作壹拾元整。

⑤不能用○、一、二、三、四、五、六、七、八、九、十、百、千等其他字代替零、壹、贰、叁、肆、伍、陆、柒、捌、玖、拾、佰、仟；不能用"另"代替"零"、用"毛"代替"角"，也不能用"廿"代替贰拾、用"卅"代替叁拾。

(2) 票据日期的书写要求。

银行票据（支票、汇票）的出票日期必须使用中文大写。为防止变造票据的出票日期，在填写月、日时，月为壹贰和壹拾的，日为壹至玖和壹拾、贰拾、叁拾的，应在其前面加"零"；日为拾壹至拾玖的，应在其前面加"壹"。如1月12日，应写成"零壹月壹拾贰日"；又如10月20日，应写成零壹拾月零贰拾日，如下图所示。

中国银行 现金支票存根（川） 附加信息	中国银行　现金支票　　（川）四川 NO:02983456789
	出票日期（大写）贰零贰叁年零壹拾月零贰拾日　付款行名称：中行支行
	收款人：嘉陵公司　　　　　　　　　出票人账号：
出票日期2023年10月20日	人民币 | 亿 | 千 | 百 | 十 | 万 | 千 | 百 | 十 | 元 | 角 | 分
收款人：嘉陵公司	（大写）伍万元整　　　　　￥　5　0　0　0　0　0　0
金　额：50 000.00	用途_____备用金_____
	上列款项请从
	我账户内支付
单位主管　　　会计	出票人签章　　　　　　复核　　　　　记账

(3) 摘要的书写要求。

文字书写中一部分是摘要的书写，包括记账凭证摘要、各种账簿摘要，摘要是记录经济业务的简要内容，填写时应用简明扼要的文字反映经济业务概况。摘要书写的一般要求：

①以原始凭证为依据。

②正确反映经济业务的内容。

③文字少而精，说明主要问题。

④书写字体占格的1/2为宜。

⑤字迹与文字书写要求相同，要工整、清晰、规范。

不同类型的经济业务填写摘要栏没有统一格式，但同一类型的经济业务填写摘要时，文字表达是有章可循的。

四、实习实训

1. 会计数码字练习

要求按照规范写法进行书写练习,直至书写规范、流畅,指导教师认可。可利用会计数码字练习用纸进行训练(见下表),也可使用真实的账页进行训练。

会计数码字练习用纸

0	1	2	3	4	5	6	7	8	9	0	1	2	3	4	5	6	7	8	9	0	1	2	3	4	5	6	7	8	9

续表

0	1	2	3	4	5	6	7	8	9	0	1	2	3	4	5	6	7	8	9	0	1	2	3	4	5	6	7	8	9

续表

0	1	2	3	4	5	6	7	8	9	0	1	2	3	4	5	6	7	8	9	0	1	2	3	4	5	6	7	8	9

2. 汉字大写练习

要求按照规范写法进行书写练习，直至书写规范、流畅，指导教师认可。练习时可用"会计字练习用纸"（见下表），也可用账页进行书写。

会计字练习用纸

零	壹	贰	叁	肆	伍	陆	柒	捌	玖	拾	佰	仟	万	亿	元	角	分

续表

零	壹	贰	叁	肆	伍	陆	柒	捌	玖	拾	佰	仟	万	亿	元	角	分

零	壹	贰	叁	肆	伍	陆	柒	捌	玖	拾	佰	仟	万	亿	元	角	分

3. 票据日期的书写练习

请将下列日期按票据日期的书写要求表示：

2023 年 12 月 9 日：

2023 年 10 月 20 日：

2023 年 1 月 20 日：

2023 年 2 月 20 日：

2023 年 9 月 25 日：

2023 年 7 月 1 日：

2023 年 11 月 19 日：

2023 年 10 月 10 日：

2023 年 2 月 9 日：

2023 年 1 月 19 日：

2023 年 9 月 15 日：

2023 年 12 月 20 日：

2023 年 10 月 1 日：

2023 年 12 月 30 日：

2023 年 1 月 10 日：

2023 年 11 月 10 日：

2023 年 12 月 1 日：

2023 年 3 月 10 日：

2023 年 5 月 1 日：

2023 年 6 月 10 日：

2023 年 8 月 29 日：

2023 年 9 月 1 日：

2023 年 1 月 11 日：

2023 年 12 月 31 日：

2023 年 1 月 31 日：

实训项目二　会计凭证规范

一、原始凭证填制规范

根据《中华人民共和国会计法》（简称《会计法》）和《会计基础工作规范》的规定，填制原始凭证应符合以下要求：

（1）反映要真实。在填制原始凭证时，应使凭证上所记载内容同发生业务的实际情况保持一致，即凭证上的日期、经济业务内容和数据必须按照经济业务的实际发生或完成情况来填制，保证其真实、可靠，不得填写匡算或估计数；原始凭证作为具有法律效力的证明文件，不允许在原始凭证的填制中有任何歪曲和弄虚作假行为。

（2）内容要完整。在反映经济业务的相应原始凭证上，按照凭证已有的项目或内容，逐项填列，即应该填写的项目要逐项填写，不可缺漏；年、月、日要按照填制原始凭证的实际日期填写；名称要写全，不能简化；品名或用途要填写明确；有关人员的签章必须齐全。

（3）手续要完备。经办业务的单位、经办人员要对原始凭证认真审核并签章，以对凭证的真实性、合法性负责。按规定，从外单位取得的原始凭证，必须盖有填制单位的公章；从个人取得的原始凭证，必须有填制人员的签名或者盖章。自制原始凭证必须有经办部门负责人或其指定人员的签名或者盖章。对外开出的原始凭证，必须加盖本单位的公章。该公章应是具有法律效力和规定用途，能够证明单位身份和性质的印鉴，如业务公章、财务专用章、发票专用章、收款专用章或结算专用章等。

（4）书写要清楚、规范。原始凭证上的数字和文字，字迹要清楚、整齐和规范，易于辨认。如，阿拉伯数字应当一个一个地写，不得连笔写；汉字大写数字金额如零、壹、贰、叁、肆、伍、陆、柒、捌、玖、拾、佰、仟、万、亿等，一律用正楷或者行书体书写，不得用简化字代替；所有以元为单位的阿拉伯数字，除表示单位等情况外，一律填写到角分；无角分的，角位和分位写"00"，或者符号"－"；有角无分的，分位应当写"0"，不得用符号"－"代替。

（5）填制要及时。所有经办业务的部门和人员，在每项经济业务发生或完成后，必须及时填制原始凭证，做到不拖延、不积压，按照规定的程序及时送交会计机构，以保证会计核算工作的正常进行。一般来说，填制或取得的原始凭证送交会计机构的时间最迟不应超过一个会计结算期。

（6）其他要求。

①凡填有大写和小写金额的原始凭证，大写与小写的金额必须相符。

②购买实物的原始凭证，必须有验收证明。实物购入后，要按照规定办理验收手续，以明确经济责任，保证账实相符。

③各种收付款凭证应由出纳人员分别加盖"现金收讫""现金付讫""银行收讫""银行付讫"印章。支付款项的原始凭证，必须有收款单位和收款人的证明。

④一式几联的原始凭证，必须注明各联的用途，并且只能以一联用作报销凭证；一式几联的发票和收据，除本身具备复写功能的外，必须用双面复写纸套写，并连续编号。作废时应加盖"作废"戳记，连同存根一起保存。

⑤发生销货退回及退还货款时，必须填制退货发票，附有退货验收证明和对方单位的收款收据，不得以退货发票代替收据。

⑥单位人员因公出差借款的收据，必须附在记账凭证之后。借款收据是此项借款业务的原始凭证，是办理有关会计手续、进行相应会计核算的依据。在收回借款时，应当另开收据或者退还借款收据的副本，不得退还原借款收据。因为借款和收回借款虽有联系，但又有区别，在会计上需要分别进行处理，如果将原借款收据退还借款人，就会损害会计资料的完整性，使其中一项业务的会计处理失去依据。

⑦经上级有关部门批准的经济业务，应当将批准文件作为原始凭证的附件。如果批准文件需要单独归档，应当在凭证上注明批准机关名称、日期和文件字号。

⑧原始凭证不得涂改、挖补。发现原始凭证有错误的，应当由开出单位重开或者更正，更正处应当加盖开出单位的公章。

二、记账凭证填制规范

根据《会计法》和《会计基础工作规范》的规定，记账凭证必须根据审核无误的原始凭证填制。记账凭证可以根据每一张原始凭证填制，也可以根据若干张同类原始凭证汇总编制，或者根据原始凭证汇总表填制，但不得将不同内容和类别的原始凭证汇总填制在一张记账凭证上。填制记账凭证除了应符合原始凭证的填制要求外，还应符合以下具体要求：

（1）日期的填写。记账凭证的填制日期原则上应与发生经济业务的日期一致，但由于凭证的传递需要时间，因此，有的也可以按凭证到达日期填写。如对现金收付款凭证，应以出纳人员实际收付款日期为编制日期；转账凭证应按经济业务发生或完成日期填写；月末的调整和结账分录，应填写当月月末的日期。

（2）编号的填写。记账凭证应当连续编号，其目的是分清会计事项处理的先后顺序，便于记账凭证与会计账簿之间的核对，确保记账凭证的完整。记账凭证编号的方法有多种，可以按收款、付款、转账三类业务或现金收付、银行存款收付和转账三类业务每月分别从第1号编起，也可以按现金收入、现金支出、银行存款收入、银行存款支出和转账五类每月分别从第1号编起，或者将所有业务不作分类而统一从第1号编起。一笔经济业务事项需要填制两张或者两张以上记账凭证的，可以采用分数编号法编号，如11号会计事项分录需要填制三张记账凭证，就可以编成 $11\frac{1}{3}$、$11\frac{2}{3}$、$11\frac{3}{3}$ 号，金额合计数、附件张数均填写在最后一张。

（3）摘要的填写。记账凭证摘要的填写应简明扼要，说明清楚。填写的基本要求是：意思完备、字数简短、字迹清楚。如现金、银行存款的收付事项，应写明收、付款人和款项的内容；采购商品要写清品种名、进货来源和批次并能区分不同供货单位。

（4）会计科目的填写。会计科目必须按现行统一会计制度规定的全称填写，不得简化，不得用科目编号或外文字母代替，并根据经济业务的内容正确确定会计科目的借贷方和金额。

（5）金额的填写。金额栏应按要求填写至"分"，在合计金额前标明人民币符号"￥"，合计金额要计算准确并保持借方和贷方的平衡。金额栏填写后如有空行，应当自金额栏最后一笔金额数字下的空行处至合计数上的空行处划线注销。

（6）附件张数的填写。除结账和更正错误的记账凭证可以不附原始凭证外，其他记账凭证必须附有原始凭证并注明所附原始凭证张数。所附原始凭证张数的计算，一般以原始凭证的自然张数为准。与记账凭证中的经济业务事项记录有关的每一张证据，都应当作为原始凭证的附件。如果记账凭证中附有原始凭证汇总表，则应该把所附的原始凭证和原始凭证汇总表的张数一起计入附件的张数之内。报销差旅费等零散票券，可以粘贴在一张"原始凭证粘贴单"上，作为一张原始凭证。一张原始凭证如涉及几张记账凭证，可以将该原始凭证附在一张主要的记账凭证后面，在其他记账凭证上注明该主要记账凭证的编号（如"附在×月×号记账凭证后"）或者附上该原始凭证的复印件。如果一张原始凭证所列支出需要几个单位共同负担，应从保管原始凭证的单位取得"原始凭证分割单"作为原始凭证附在记账凭证后，本单位保管的原始凭证和开出去的"原始凭证分割单"的存根，应同时作为记账凭证的附件。原始凭证分割单必须具备原始凭证的基本内容：凭证名称、日期、填制单位名称、经办人的签名或盖章、接收凭证单位名称、经济业务内容、数量、单价、金额和费用分摊情况等。

（7）签名或盖章。凡是与记账有关的人员，包括会计主管、稽核、记账和制单人员均应在记账凭证上签章，收付款凭证还要有出纳人员签章。

（8）记账符号的填写。在根据审核无误的记账凭证登记账簿完毕后，记账人员应在记账凭证的"记账"栏注明已记账的符号（打"√"或注明账页页码），表示已经记账，避免重记和漏记。

三、会计凭证审核规范

1. 原始凭证的审核

对原始凭证进行审核，是确保会计资料质量的重要措施之一。《会计法》明确规定："会计机构、会计人员必须对原始凭证进行审核，并根据经过审核后的原始凭证编制记账凭证。"

(1) 原始凭证审核的内容。

①真实性审核。审核凭证所反映的内容是否符合所发生实际经济业务的情况，数据、文字有无伪造、涂改、重复使用情况，各联之间数额有无不符情况等。主要包括：经济业务的双方当事单位和当事人必须是真实、合法的；经济业务发生的时间地点和填制日期必须是真实的；经济业务的内容和"量"必须是真实的。"量"指实物量和价值量。

②完整性审核。完整性审核的目的是确定原始凭证的编制是否符合要求，各个项目内容是否填写齐全，数字是否正确。要查看其凭证的各项指标是否完整，名称、商品规格、计量单位、数量、单位、大写、小写金额和填制日期的填写是否正确、清晰。

③合法性审核。合法性审核的内容包括：一是原始凭证生成程序的合法性，如企业或个人（具有营业执照的个体户）出具的营业凭证，如发票、运费收据、劳力费收据等，必须是经税务机关批准印制的。购买实物的原始凭证必须附有验收证明，以确认实物已经验收入库。二是审查原始凭证所反映的经济业务有无违反财经制度的规定，有无不按计划、预算办事的行为，资金使用是否符合规定，是否扩大了成本费用、开支范围，财产物资的收发、领退是否按照规定办理手续。

(2) 原始凭证审核后的处理。对原始凭证经过审核后，应根据不同的审核结果，进行不同的审核后处理。

①对于内容合法、合理、完整、正确的原始凭证，按规定办理会计手续，据以填制记账凭证，并将原始凭证作为附件粘于记账凭证后面，以备查核。

②对于内容合法、合理而记载不准确、不完整的原始凭证，按规定暂缓办理会计手续，将原始凭证退回业务经办单位或人员，责成改正凭证记录的错误。经责任单位和有关人员更正错误后，对更正后的凭证进行复审，确定无误后准予办理会计手续。

③对于内容完整、正确而不合法、不合理的原始凭证，按规定拒绝办理会计手续，并向单位负责人报告。对于弄虚作假、营私舞弊、欺瞒上级等违法乱纪行为应依据法律规定，坚决拒绝执行，并向有关方面反映情况。

2. 记账凭证的审核

记账凭证在记账前，必须经过审核。审核的内容主要是：

(1) 记账凭证是否附有原始凭证，所附原始凭证的张数、经济内容、金额、合计等是否与记账凭证一致。

(2) 经济业务是否正常，应借、应贷账户的名称和金额是否正确，账户对应关系是否清晰，所用账户的名称是否符合会计制度的规定，金额计算是否正确。

(3) 记账凭证中有关项目是否填写齐全，有关人员是否签名或盖章。

（4）实行会计电算化的单位，对于机制记账凭证，要认真审核，做到会计科目使用正确，数字准确无误。打印出来的机制记账凭证要加盖制单人员、稽核人员、记账人员、会计机构负责人、会计主管人员的印章或者签字。

审核中如发现差错，应立即查明原因，或予重审或用划线更正法更正，并在更正处由更正人盖章，以示负责。在审核记账凭证时，如发现错误，必须查明原因，按规定办法及时改正。只有经过审核无误的记账凭证，才能据以记账。

四、会计凭证更正规范

1. 原始凭证的错误更正

为了规范原始凭证的内容，明确相关人员的经济责任，防止利用原始凭证进行舞弊，《会计法》规定：

（1）原始凭证所记载的各项内容均不得涂改，随意涂改原始凭证即为无效凭证，不能作为填制记账凭证或登记会计账簿的依据。

（2）原始凭证记载的内容有错误的，应当重开或更正，此项工作必须由原始凭证出具单位负责，并在更正处加盖出具单位印章。原始凭证金额出现错误，不得更正，只能由原始凭证开出单位重开。因为如果允许随意更改原始凭证上的金额，容易产生舞弊，不利于保证原始凭证的质量。

（3）原始凭证开具单位应当依法开具准确无误的原始凭证，对填制有误的原始凭证，负有更正和重新开具的法律义务，不得拒绝。

2. 记账凭证的错误更正

（1）如果在填制记账凭证时发生错误，应当重新填制。

（2）已经登记入账的记账凭证，在当年内发现填写错误时，可以用红字填写一张与原内容相同的记账凭证，在摘要栏注明"注销×月×日×号凭证"字样，同时再用蓝字重新填制一张正确的记账凭证，注明"订正×月×日×号凭证"字样。

（3）如果会计科目没有错误，只是金额错误，也可以将正确数字与错误数字之间的差额，另编一张调整的记账凭证，调增金额用蓝字，调减金额用红字。发现以前年度记账凭证有错误的，应当用蓝字填制一张更正的记账凭证。

五、会计凭证保管规范

（1）各单位每年编制的会计凭证，应当由会计机构按照归档要求，负责整理立卷，装订成册。

①记账凭证应当连同所附的原始凭证或者原始凭证汇总表，按照编号顺序，折叠整齐，按期装订成册，并加具封面，注明单位名称、年度、月份和起讫日

期、凭证种类、起讫号码，由装订人在装订线封签处签名或者盖章。

②对于数量过多的原始凭证，如收料单、领料单等，可以单独装订保管，在封面上注明记账凭证日期、编号、种类，同时在记账凭证上注明"附件另订"和原始凭证名称及编号。

各种经济合同、存出保证金收据以及涉外文件等重要原始凭证，为了方便日后查阅，可以不附在记账凭证后面，而是另编目录，单独登记保管，并在有关的记账凭证和原始凭证上相互注明日期和编号。

（2）当年形成的会计档案，在会计年度终了后，可暂由会计机构保管一年，期满之后，应当由会计机构编制移交清册，移交本单位档案机构统一保管；未设立档案机构的，应当在会计机构内部指定专人保管。出纳人员不得兼管会计档案。

移交本单位档案机构保管的会计档案，原则上应保持原卷册的封装。个别需要拆封重新整理的，档案机构应会同会计机构和经办人员共同拆封整理，以分清责任。

（3）原始凭证不得外借，其他单位如因特殊原因需使用原始凭证，经本单位会计机构负责人、会计主管人员批准，可以复制。向外单位提供的原始凭证复制件，应当在专设的登记簿上登记，并由提供人员和收取人员共同签名或者盖章。

（4）从外单位取得的原始凭证如有遗失，应当取得原开出单位盖有公章的证明，并注明原来凭证的号码、金额和内容等，由经办单位会计机构负责人、会计主管人员和单位领导人批准后，才能代作原始凭证。如果确实无法取得证明，如火车、轮船、飞机票等凭证，由当事人写明详细情况，由经办单位会计机构负责人、会计主管人员和单位领导人批准后，可代替原始凭证。

六、违反会计凭证规范的法律责任

1. 未按规定填制、取得原始凭证或者填制、取得的原始凭证不符合规定的法律责任

根据《会计法》及有关法律制度的规定，对于有关单位和个人未按照规定填制、取得原始凭证或者填制、取得的原始凭证不符合规定的行为，应当追究其法律责任，包括行政责任和刑事责任。处罚规定如下：

（1）责令限期改正。违法单位或者个人应当按照县级以上人民政府部门的责令限期改正决定的要求，停止违法行为，纠正错误。

（2）罚款。县级以上人民政府财政部门根据单位或个人违法行为的性质、情节及危害程度，在责令限期改正的同时，可以对单位处 3 000 元以上 50 000 元以下的罚款，对其直接负责的主管人员和其他直接责任人员，可以处 2 000 元以

上 20 000 元以下的罚款。

（3）吊销会计从业资格证书。对违法行为直接负责的主管人员和其他直接责任人员中的会计人员，情节严重的，由县级以上人民政府财政部门吊销会计从业资格证书。

（4）行政处分。对违法行为直接负责的主管人员和其他直接责任人员中的国家工作人员，应当按照干部管理权限由其所在单位或者其上级单位或者行政监察部门视其情节轻重，给予警告、记过、记大过、降级、降职、撤职、留用察看和开除等行政处分。

根据《会计法》的规定，未按照规定填制、取得原始凭证或者填制、取得的原始凭证不符合规定的行为构成犯罪的，应依法追究刑事责任。

2. 以未经审核的会计凭证为依据登记会计账簿的法律责任

会计凭证包括原始凭证和记账凭证，对会计凭证进行审核，是保证会计信息真实性和客观性的基础工作。如果以未经审核的会计凭证为依据登记会计账簿，将会导致会计信息失真。根据《会计法》的规定，对于有关单位和个人以未经审核的会计凭证为依据登记会计账簿的行为，应当追究其法律责任，包括行政责任和刑事责任。处罚规定同上。

七、实习实训

根据下表资料填充书写大小写金额，按照规范写法进行书写练习，能够书写规范、流畅，并得到指导教师的认可。

会计凭证账表的小写金额栏							原始凭证上的大写金额栏
没有数位分割线	有数位分割线						
	万	千	百	十	元	角	分
￥0.08								人民币：
￥					8	0		人民币：
￥6.00								人民币：
￥				4	7	4	9	人民币：
￥320.09								人民币：
￥								人民币：叁仟零贰拾元玖角整
￥25 006.09								人民币：
￥8 000.90								人民币：
￥2 000.34								人民币：
￥2 346.50								人民币：

续表

会计凭证账表的小写金额栏							原始凭证上的大写金额栏
没有数位分割线	有数位分割线						
^	万	千	百	十	元	角	分	
		2	1	0	5	0	0	人民币：
¥			3	4	1	7	5	人民币：
¥3 456.72								人民币：
¥								人民币：壹仟零贰拾元整
¥5 678.11								人民币：
¥2 246.20								人民币：
¥								人民币：叁仟零陆角整

实训项目三　会计账簿规范

一、会计账簿设置规范

会计账簿的设置是各企事业单位根据《会计法》《会计基础工作规范》的原则规定，结合本单位会计核算业务的需要，建立有关的会计账簿，构成本企业会计核算体系的过程。

会计账簿的设置一般是在企业开张或更换新账之前进行的。所有实行独立核算的国家机关、社会团体、公司、企业、事业单位和其他组织都必须依法设置登记会计账簿，并保证其真实、完整。不得违反《会计法》和国家统一的会计制度规定私设会计账簿进行登记。但建账册数以及每册账簿选用的格式可根据企业的实际情况来确定。

1. 总账和日记账的建立

总账和日记账一般采用订本式。选购时结合企业业务量的大小，尽量使选用的账页满足一年所用。账簿封面的颜色，同一年度应力求统一，每年应更换一色，以便于区别。

2. 明细账的建立

各种明细分类账按照二级科目设置账户，记录经济业务的明细情况，是对总分类账的必要补充。一般来说，明细账除了记录金额以外，还要记录实物数量、费用与收入的构成、债权债务结算等具体情况。因此，要按照经济业务的不同特点和管理要求，采用不同格式、不同形式的账页。明细账一般采用活页账，有些也采用卡片账。其基本格式主要有"三栏式""数量金额式""多栏式""横线登记式"等几种格式。生产成本、制造费用、产品销售费用、管理费用和财务费用等科目的明细核算可采用多栏式明细账。

3. 辅助账的建立

辅助账（备查账簿）按其所反映的经济业务事项分别设立账户。如代管物资辅助账是按委托单位和代管物资的品名设立账户，租入固定资产登记簿是按租借单位和固定资产名称设立账户。

4. 会计账簿封面的设置

会计账簿应设置封面、标明单位名称、账簿名称及所属会计年度。账簿的扉页，应设立账簿启用表。账簿的第一页，应设置账户目录并注明各账户页次。

5. 会计账簿账户的设置

账簿中的总账是按会计科目的名称和顺序设立的，每一个科目设立一个账户。明细账原则上每一个子目设立一个明细账户，但可根据实际情况增设或删减。

为使查找方便，提高登账速度，可以在账簿上方或右面每个账户的第一页粘贴标签纸，又称"口取纸"，写上会计科目，并按鱼鳞方式参差粘贴。粘贴标签纸时力求做到：打开账本封面时，可见标签纸上科目名称；合上封面时，几乎不露标签纸。

二、会计账簿登记规范

1. 会计账簿启用

（1）设置账簿的封面、封底。除订本式账簿不另设封面外，各种活页式账簿，均应设置与账页大小相一致的账夹、封面、封底，并在封面正中部分设置封签，用蓝黑墨水书写单位名称、账簿名称及所属会计年度。

（2）填写账簿启用及经管人员一览表。新会计账簿启用时，应首先填写在账簿扉页上印制的"账簿启用及交接表"中的启用说明部分，内容包括：启用日期、账簿页数、记账人员和会计机构负责人、会计主管人员姓名，并加盖名章和单位公章。

记账人员或者会计机构负责人，会计主管人员调动工作时，应办理交接手续并填写"账簿启用及交接表"，注明交接日期、接办人员或者监交人员姓名，并由交接双方人员签名或者盖章。

（3）编写账簿页码和账户目录。启用订本式账簿，应当从第一页到最后一页顺序编定页数，不得跳页、缺号。使用活页式账页，应当按账户顺序编号，并须定期装订成册。装订后再按实际使用的账页顺序编定页码，另加目录，记明每个账户的名称和页次。

（4）粘贴印花税票内容。

①使用缴款书缴纳印花税，在账簿启用表右上角注明"印花税已缴"及缴

款金额，缴款书作为记账凭证的原始凭证登记入账。

②粘贴印花税票的账簿，印花税票一律贴在账簿启用表的右上角，并在印花税票的中间划两条出头的横线，以示税票注销。

2. 会计账簿的登记

会计人员应根据审核无误的会计凭证登记会计账簿。登记账簿的基本要求是：

（1）登记会计账簿时，将会计凭证日期、编号、业务内容摘要、金额和其他有关资料逐项记入账内，做到数字准确、摘要清楚、登记及时、字迹工整。

（2）登记完毕后，要在记账凭证上签名或者盖章，并注明已经登账的符号，表示已经记账。

（3）账簿中书写的文字和数字应在簿页格子上留有适当空间，不要写满格子，一般应占格距的1/2。

（4）登记账簿要用蓝黑墨水或者碳素墨水书写，不得使用圆珠笔（银行的复写账簿除外）或者铅笔书写。

（5）下列情况，可以用红色墨水记账：

①按照红字冲账的记账凭证，冲销错误记录。

②在仅设借（贷）方的多栏式账页中，登记减少数。

③在三栏式账户的余额栏前，如未印明余额方向，在余额栏内登记负数余额。

④划更正线、结账线和注销线。账簿一页之内的多余行次，画红色斜线注销。

⑤根据国家统一会计制度的规定可以用红字登记的其他会计记录。

（6）各种账簿按页次顺序连续登记，不得跳行、隔页。如果发生跳行、隔页，应按规定方法进行纠正。其纠正方法有两种：一是从空行或空页的"摘要"栏到"余额"栏，用红笔划交叉对角线予以注销，并由记账人员和会计主管人员在交叉处签名或盖章。二是在跳行所在行盖上"此行空白"字样印鉴，在隔页处盖上"此页空白"字样印鉴，并由记账人员和会计主管人员签名或者盖章。

（7）凡需要结出余额的账户，结出余额后，应当在"借或贷"等栏内写明"借"或者"贷"等字样。没有余额的账户，应当在"借或贷"等栏内写"平"字，并在余额栏内元位上用"—0—"或"θ"表示。现金日记账和银行存款日记账必须逐日结出余额。

（8）每一账页登记完毕结转下页时，应当结出本页合计数及余额，写在本页最后一行和下页第一行有关栏内，并分别在摘要栏内注明"过次页"和"承前页"字样；也可以将本页合计数及金额只写在下页第一行有关栏内，并在摘要栏内注明"承前页"字样。

对需要结计本月发生额的账户，结计"过次页"的本页合计数应当为自本月初起至本页末止的发生额合计数；对需要结计本年累计发生额的账户，结计"过次页"的本页合计数应当为自年初起至本年末止的累计数；对既不需要结计本月发生额也不需要结计本年累计发生额的账户，可以只将每页末的余额结转次页。

三、对账、结账规范

1. 对账

《会计法》第十七条规定："各单位应当定期将会计账簿记录与实物、款项及有关资料相互核对，保证会计账簿记录与实物及款项的实有数额相符、会计账簿记录与会计凭证的有关内容相符、会计账簿之间相对应的记录相符、会计账簿记录与会计报表的有关内容相符。"

对账包括账簿与凭证的核对、账簿与账簿的核对、账簿与财产物资实存数额的核对。由于对账的内容不同，对账的方法也有所不同，一般的核对方法和内容如下：

（1）账证的核对。账证核对是指将账簿记录与记账凭证、原始凭证进行核对，这是账账相符、账实相符、账表相符的前提条件。这种核对工作平常是通过编制凭证和记账中的"复核"环节进行的，使错账能及时更正。账证核对的内容包括总账与记账凭证汇总表是否相符，明细账与记账凭证的会计科目、子目、借贷金额、摘要是否相符，序时明细账与记账凭证及所附原始凭证要核对经济业务的内容及金额；涉及支票的，应核对支票号码；涉及银行其他结算票据的，应核对票据种类，以保证账证相符。

（2）账账的核对。账账核对是指各种账簿之间的有关数字核对相符。通常有：

①总账资产类科目各账户期末余额合计与负债和所有者权益类科目各账户期末余额合计应相等，每一汇总期至少要核对一次。

②总账各账户与所辖明细账户每一汇总期至少核对一次。核对相符后，要在对账符号栏打"√"，以示账簿核对完毕。

③会计部门的总账、明细账与业务、仓储部门的业务账、卡和保管账之间，与有关职能部门的财产、业务周转金（备用金）之间以及有关代管、备查簿之间的账目，包括收、付、存数量和金额，每月至少要核对一次。

（3）账实的核对。账实的核对包括账物和账款的核对工作。账实核对的基本内容为：

①现金日记账的账面余额与现金实际库存数额应每日核对，单位主管会计每月至少应抽查一次，并填写库存现金核对情况报告单。

②银行存款日记账的账面余额与开户银行对账单核对。通过核对，每月编制一次银行对账调节表。

③有价证券账户应与单位实存有价证券（或收款收据）相符，每半年至少核对一次。

④商品、产品、原材料及包装物明细账的账面余额，应定期与实存数相核对。

⑤各种债权、债务类明细账的账面余额与债权、债务人相核对，并督促有关责任人积极处理。

⑥出租、租入、出借、借入财产等账簿，除合同期满应进行清查外，至少每半年核对一次，以保证账账相符、账实相符。

2. 结账

结账是指在将本期内所发生的经济业务事项全部登记入账的基础上，按照规定的方法对该期内的账簿记录进行小结，结算出本期发生额合计和余额，并将其余额结转下期或者转入新账。

结账可分为月结、季结和年结等。为了正确反映一定时期内在账簿记录中已经记录的经济业务事项，总结有关经济业务活动和账务状况，各单位必须在会计期末进行结账，不能为赶编财务会计报告而提前结账，更不能先编制财会会计报告后结账。

（1）结账前，应将本期内所发生的经济业务事项全部登记入账，对需要调整的账项要及时调整。

（2）结账时，应当根据不同的账户记录，分别采用不同的方法：

①对不需要按月结计本期发生额的账户，如各项应收、应付款明细账和各项财产物资明细账等，每次记账以后，都要随时结出余额，每月最后一笔余额即为月末余额。月末结账时，只需要在最后一笔经济业务事项记录之下通栏划红单线，不需要再结计一次余额。

②现金、银行存款日记账和需要按月结计发生额的收入、费用等明细账，每月结账时，要在最后一笔经济业务事项记录下面通栏划红线，结出本月发生额和余额，在摘要栏内注明"本月合计"字样，在下面再通栏划红单线。

③需要结计本年累计发生额的某些明细账户，每月结账时，应在"本月合计"行下结出自年初起至本月末止的累计发生额，登记在月份发生额下面，在摘要栏内注明"本年累计"字样，并在下面再通栏划红单线。12月末的"本年累计"就是全年累计发生额，全年累计发生额下通栏划红双线。

④总账账户平时只需结出月末余额。年终结账时，为了总括反映全年各项资金运动情况的全貌，核对账目，要将所有总账账户结出全年发生额和年末余额，在摘要栏内注明"本年合计"字样，并在合计数下通栏划红双线。采用棋盘式总账和科目汇总表代替总账的企事业单位，年终结账，应当汇编一张全年合计的科目汇总表和棋盘式总账。

（3）年度终了结账时，有余额的账户，要将其余额结转下一年度。结转的方法是，将有余额的账户的余额直接计入新账户的余额栏内，在新账第一行的

"摘要"栏内填写"上年结转"字样,不需要编制记账凭证,也不必将余额再计入本年账户的借方或者贷方,使本年有余额的账户的余额变为零。因为,既然年末是有余额的账户,其余额应当如实地在账户中加以反映,否则,容易混淆有余额的账户和没有余额账户的区别。

四、错账更正规范

会计账簿发生错误时,应当按照规定的更正方法进行更正,更正方法一般有划线更正法、补充登记法、红字更正法三种方法。

(1)划线更正法。在结账以前,如果发现会计账簿记录有文字或数字错误,而记账凭证没有错误,可采用划线更正法。采用划线更正法更正错误时,先在错误的数字或文字上划一条红线以示注销,但所划线条必须使原有字迹仍可辨认,然后在错误数字或文字上方空白处填写正确的数字或文字,并由记账人员和会计机构负责人(会计主管人员)在更正处盖章以示负责。对于文字错误,可只划去错误的部分并进行更正;对于数字错误,必须全部划掉,不能只划销错误数字。如果将正确的数字误认为是错误的而加以更正了,后经检查发现,可以将错误的数字(文字)划销,用红笔在正确数字两旁各划"△"并盖章以示恢复原有记录。

(2)补充登记法。如果在记账后发现记账错误是由记账凭证所列金额小于应记金额而引起的,但记账凭证中所列会计科目及其对应关系均正确,在此情况下,可以采用补充登记法更正记账错误。更正时,按照应记金额与错误数额的差额,用蓝字编制一张记账凭证补充登记,在"摘要"栏填写"补充×月×日×号凭证少记金额"。更正的记账凭证应由会计人员和会计机构负责人(会计主管人员)盖章。

(3)红字更正法。如果在记账以后发现记账错误是由于记账凭证所列会计科目或金额有错误引起的,可采用红字更正法。红字更正法,一般适用于以下两种情况:一种是在记账后发现记账凭证中的应借、应贷的会计科目有错误,可用红字更正法予以更正。更正的方法是,先用红字填制一张与原错误记账凭证完全相同的记账凭证,在摘要栏内注明"冲销×月×日第×号记账凭证的错账",并据此用红字登记入账,以冲销原有的错误记录;然后用蓝字填制一张正确的记账凭证,在摘要栏内注明"补记×月×日账",并据此登记入账。另一种情况是记账以后,发现记账凭证和账簿中所记金额大于应记金额,而应借、应贷的会计科目无并错误,也应采用红字更正法。更正的方法是,用红字按多记的金额填制一张应借、应贷会计科目与原错误记账凭证相同的记账凭证,在摘要栏内注明"冲销×月×日第×号记账凭证多记金额",并据此用红字登记入账,以冲销多记的金额。更正的记账凭证应由会计人员和会计机构负责人(会计主管人员)盖章。

五、违反会计账簿规范的法律责任

1. 私设会计账簿

单位私设会计账簿的，县级以上人民政府财政部门责令限期改正，可以对单位并处 3 000 元以上 50 000 元以下的罚款；对直接负责的主管人员和其他直接责任人员，可以处 2 000 元以上 20 000 元以下罚款；属于国家工作人员的，还应当由其所在单位或者有关单位依法给予行政处分。

2. 伪造、变造会计凭证、会计账簿行为的法律责任

伪造、变造会计凭证、会计账簿，编制虚假财务会计报告，构成犯罪的，依法追究刑事责任。尚不构成犯罪的，由县级以上人民政府财政部门予以通报，可以对单位并处 5 000 元以上 100 000 元以下的罚款；对其直接负责的主管人员和其他直接责任人员，可以处 3 000 元以上 50 000 元以下的罚款；属于国家工作人员的，还应当由其所在单位或者有关单位依法给予撤职直至开除的行政处分；其中的会计人员，五年内不得从事会计工作。

3. 隐匿或者故意销毁依法应当保存的会计凭证、会计账簿、财务会计报告行为的法律责任

隐匿或者故意销毁依法应当保存的会计凭证、会计账簿、财务会计报告，构成犯罪的，依法追究刑事责任。尚不构成犯罪的，由县级以上人民政府财政部门予以通报，可以对单位并处 5 000 元以上 100 000 元以下的罚款；对其直接负责的主管人员和其他直接责任人员，可以处 3 000 元以上 50 000 元以下的罚款；属于国家工作人员的，还应当由其所在单位或者有关单位依法给予撤职直至开除的行政处分；其中的会计人员，五年内不得从事会计工作。

4. 登记会计账簿不符合规定的法律责任

根据《会计法》的规定，对有关单位和个人登记会计账簿不符合规定的行为，应当追究其法律责任，包括行政责任和刑事责任。处罚规定同上。

实训项目四　财务报告编制规范

一、财务报告的编制要求

根据《会计法》规定，会计报告编报的基本要求是数字真实、计算准确、内容完整、报送及时。

财务会计报告编报的具体要求是：

（1）编制依据要求。编制财务会计报告，必须根据经过审核无误的会计账簿记录和有关资料进行，做到数字真实、计算准确、内容完整、说明清楚，任何人不得篡改或者授意、指使、强令他人篡改财务会计报告的有关数字。

（2）编制格式要求。编制财务会计报告，应当根据国家统一的会计制度规定的格式和要求进行，认真编写会计报表附注及其说明，做到项目齐全，内容完整。

（3）编制标准要求。单位向不同的会计资料使用者提供的财务会计报告，其编制的依据应当一致。根据《会计基础工作规范》第六十八条的规定，会计报表之间、会计报表各项目之间，凡有对应关系的数字，应当相互一致；本期会计报表与上期会计报表之间的有关的数字应当相互衔接；如果不同会计年度会计报表中各项目的内容和核算方法有变更，应当在年度会计报表中加以说明。

二、编制会计报表前的准备工作

在编制会计报表前准备阶段，主要进行以下工作：

（1）检查当期业务是否全部入账。认真检查当期发生的各项经济业务是否已全部填制记账凭证，并据以登记与业务相关的总分类账、明细分类账和日记账。检查时尤其应注意有无将当期经济业务推移至下期入账或下期经济业务提前至当期入账的情况，如有上述情况，应于结账前分别进行相应处理。

（2）根据权责发生制原则整理（调整）账簿记录。在实行权责发生制单位，应按照当期发生的权利和责任计算收入与支出的要求，确定当期的经营成果；需要编制调整分录，据以整理账簿记录。整理记录包括应计账项调整和期末账项结转。其中，应计账项调整有：按工资总额规定比例提取应付福利费、工会经费；按规定比例提取机器设备的折旧费；预提当月应负担银行借款利息；计算当期应付税金等事项。期末账项结转有：将当期的全部销售收入、营业外收入结转至本年利润账户；将与收入对应的销售成本、销售税金、销售费用、营业外支出同时结转至本年利润账户；将已发放工资分配计入各有关账户；汇总结转当期的材料消耗，确定期末库存材料成本；汇集间接费用，将其分配结转至生产成本账户；计算完工产品成本，结转到产成品账户；计算销售成本，结转至销售成本账户等事项。

（3）核对账簿记录保证账账相符。会计报表主要依据账簿资料所编制，为保证报表指标的正确无误，必须在编表前检查账簿记录的正确性。核对账目包括内部核对和外部核对两方面内容。内部核对要将总账账户的借方余额合计与贷方余额合计相核对。外部核对以往来款项为对象，如与国家税务部门之间应交、已交税款的核对，与银行之间借款、还款的核对等。通过账目的内容核对和外部核对，保证账账相符，为编制会计报表准备前提条件。

（4）清查财产保证账实相符。为保证会计报表指标的真实可信，还要求账簿所记录的各项财产结存情况应与实际结存情况保持一致，因此，要进行账实核对，以确保账实相符。在编制会计报表前，按照有关规定应对全部财产进行财产清查。对于清查中出现的盘盈、盘亏和损失等情况，应编制相应的会计分录，并据以登记入账，使各项财产的账面记录结存数与实际结存数保持一致，为编制会计报表奠定客观基础。

（5）结束当期账簿记录。在确认当期发生的经济业务、调整账项及有关转账业务已全部登记入账后，分别结计总分类账、日记账、明细分类账和明细账各账户的当期发生额和余额，结束本期账簿记录。企事业单位不得在办理结账手续前编制会计报表，也不得为赶编会计报表而提前结账。

三、编制会计报表的一般方法

1. 资产负债表的编制

资产负债表"年初余额"栏内各项数字，应根据上年末资产负债表"期末余额"栏内所列数字填列。资产负债表"期末余额"栏内各项数字，应根据会计账簿记录填列。大多数报表项目可以直接根据账户余额填列，少数报表项目则要根据账户余额进行分析、计算后才能填列。其编制方法一般有以下几种情况：

（1）根据总分类账户余额直接填列。该表大多数项目都可以根据相应的总分类账户期末余额直接填列。具体项目有："交易性金融资产""短期借款""应付票据及应付账款""应付职工薪酬""应交税费""应付利息""应付股利""实收资本""资本公积""盈余公积"等项目。

（2）根据若干总分类账户余额分析计算填列。具体项目有："货币资金""未分配利润"等有关项目。其中："货币资金"项目，应根据"库存现金""银行存款""其他货币资金"三个总账科目的期末余额的合计数填列；"未分配利润"项目，应根据"本年利润""利润分配"账户期末余额计算填列。

（3）根据若干明细分类账户余额分析计算填列。具体项目有："应收票据及应收账款""预付账款""应付票据及应付账款""预收账款"等项目。例如："应收票据及应收账款"项目，应根据"应收票据""应收账款"和"预收账款"科目所属的明细科目的期末借方余额合计数，减去"坏账准备"科目中有关应收票据及应收账款计提的坏账准备余额后的金额填列；"预付款项"项目，应根据"应付票据""应付账款"和"预付账款"科目所属的明细科目的期末借方余额合计数，减去"坏账准备"科目中有关预付账款计提的坏账准备余额后的金额填列；"应付票据及应付账款"项目，应根据"应付票据""应付账款"和"预付账款"科目所属的明细科目的期末贷方余额合计数填列；"预收款项"项目，应根据"应收票据""应收账款"和"预收账款"科目所属的明细科目的期末贷方余额合计数填列。

（4）根据总账科目和明细账科目余额分析计算填列。如"长期借款"项目，需要根据"长期借款"总账科目余额扣除"长期借款"科目所属的明细科目中将在一年内到期的长期借款后的金额计算填列。

（5）根据有关科目余额减去其备抵科目余额后的净额填列。如资产负债表中的"应收票据及应收账款""长期股权投资""在建工程"等项目，应当根据"应收票据""应收账款""长期股权投资""在建工程"等项目的期末余额减去"坏账准备""长期股权投资减值准备""在建工程减值准备"等科目余额后的净额填列；"固定资产"项目，应当根据"固定资产"科目的期末余额减去"累计折旧""固定资产减值准备"备抵科目余额后的净额填列；"投资性房地产"项目，应当根据"投资性房地产"科目的期末余额减去"投资性房地产累计折旧""投资性房地产减值准备"备抵科目余额后的净额填列；"无形资产"项目，应当根据"无形资产"科目的期末余额，减去"累计摊销""无形资产减值准备"备抵科目余额后的净额填列。

（6）综合运用上述填列方法分析填列。如资产负债表中的"存货"项目，需要根据"原材料""委托加工物资""周转材料""材料采购""在途物资""发出商品""材料成本差异"等总账科目期末余额的分析汇总数，再减去"存货跌价准备"科目余额后的净额填列。

此外，资产负债表中资产项目的金额大多是根据资产类账户的借方余额填列，如果出现贷方余额，则以"－"号表示；负债项目的金额大多是根据负债类账户的贷方余额填列，如果出现借方余额，也以"－"号表示；"未分配利润"项目如果是未弥补亏损，也以"－"号表示。

2. 利润表的编制

我国企业利润表的主要编制步骤和内容如下：

第一步，以营业收入为基础，减去营业成本、税金及附加、销售费用、管理费用、财务费用、资产减值损失，加上公允价值变动收益（或减去公允价值变动损失）、投资收益（或减去投资损失）和其他收益，计算出营业利润。

第二步，以营业利润为基础，加上营业外收入，减去营业外支出，计算出利润总额。

第三步，以利润总额为基础，减去所得税费用，即计算出净利润（或净亏损）。

第四步，以净利润（或净亏损）为基础，计算出每股收益。

第五步，以净利润（或净亏损）和其他综合收益为基础，计算出综合收益总额。

利润表各项目均需填列"本期金额"和"上期金额"两栏。其中"上期金额"栏内各项数字，应根据上年该期利润表的"本期金额"栏内所列数字填列。"本期金额"栏内各期数字，除"基本每股收益"和"稀释每股收益"项目外，应当按照相关科目的发生额分析填列。如"营业收入"项目，根据"主营业务收入""其他业务收入"科目的发生额分析计算填列；"营业成本"项目，根据"主营业务成本""其他业务成本"科目的发生额分析计算填列。

3. 利润表项目的填列说明

（1）"营业收入"项目，反映企业经营主要业务和其他业务所确认的收入总额。本项目应根据"主营业务收入"和"其他业务收入"科目的发生额分析填列。

（2）"营业成本"项目反映企业经营主要业务和其他业务所发生的成本总额。本项目应根据"主营业务成本"和"其他业务成本"科目的发生额分析填列。

（3）"税金及附加"项目，反映企业经营业务应负担的消费税、城市维护建设税、教育费附加、资源税、土地增值税及房产税、车船税、城镇土地使用税、印花税等相关税费。本项目应根据"税金及附加"科目的发生额分析填列。

（4）"销售费用"项目，反映企业在销售商品过程中发生的包装费、广告费等费用和为销售本企业商品而专设的销售机构的职工薪酬、业务费等经营费用。本项目应根据"销售费用"科目的发生额分析填列。

（5）"管理费用"项目，反映企业为组织和管理生产经营发生的管理费用。该项目根据"管理费用"科目的发生额分析填列。

（6）"研发费用"项目，反映企业进行研究与开发过程中发生的费用化支出。该项目根据"管理费用"科目下的"研发费用"明细科目的发生额分析填列。

（7）"财务费用"项目，反映企业为筹集生产经营所需资金等而发生的筹资费用。本项目应根据"财务费用"科目的发生额分析填列。其中，"利息费用"项目，反映企业为筹集生产经营所需资金等而发生的应予以费用化的利息支出，该项目应根据"财务费用"科目的相关明细科目的发生额分析填列。"利息收入"项目，反映企业确认利息收入，该项目应根据"财务费用"科目的相关明细科目的发生额分析填列。

（8）"资产减值损失"项目，反映企业各项资产发生的减值损失。本项目应根据"资产减值损失"科目的发生额分析填列。

（9）"信用减值损失"项目，反映企业计提的各项金融工具减值准备所形成的预期信用损失。本项目应根据"信用减值损失"科目的发生额分析填列。

（10）"其他收益"项目，反映收到的与企业日常活动相关的计入当期收益的政府补助。本项目应根据"其他收益"科目的发生额分析填列。

（11）"投资收益"项目，反映企业以各种方式对外投资所取得的收益。本项目应根据"投资收益"科目的发生额分析填列。如为投资损失，本项目以"－"号填列。

（12）"公允价值变动收益"项目，反映企业应当计入当期损益的资产或负债公允价值变动收益。本项目应根据"公允价值变动收益"科目的发生额分析填列。如为净损失，本项目以"-"号填列。

（13）"资产处置收益"项目，反映企业出售划分为持有待售的非流动资产（金融工具、长期股权投资和投资性房地产除外）或处置组（子公司和业务除外）时确认的处置利得或损失，以及处置未划分为持有待售的固定资产、在建工程、生产性生物资产及无形资产而产生的处置利得或损失。债务重组中因处置非流动资产而产生的利得或损失、非货币性资产交换中换出非流动资产产生的利得或损失也包括在本项目内。本项目应根据"资产处置损益"科目的发生额分析填列；如为处置损失，本项目以"-"号填列。

（14）"营业利润"项目，反映企业实现的营业利润。如为亏损，以"-"号填列。

（15）"营业外收入"项目，反映企业发生的除营业利润以外的收益，主要包括债务重组利得、与企业日常活动无关的政府补助、盘盈利得、捐赠利得（企业接受股东或股东的子公司直接或间接的捐赠，经济实质属于股东对企业的资本性投入的除外）等。本项目应根据"营业外收入"科目的发生额分析填列。

（16）"营业外支出"项目，反映企业发生的与经营业务无直接关系的各项支出，主要包括债务重组损失、公益性捐赠支出、非常损失、盘亏损失、非流动资产毁损报废损失等（企业接受股东或股东的子公司直接或间接的捐赠，经济实质属于股东对企业的资本性投入的除外）。本项目应根据"营业外支出"科目的发生额分析填列。

（17）"利润总额"项目，反映企业实现的利润。如为亏损，本项目以"-"号填列。

（18）"所得税费用"项目，反映企业应从当期利润总额中扣除的所得税费用。本项目应根据"所得税费用"科目的发生额分析填列。

（19）"净利润"项目，反映企业实现的净利润。如为亏损，本项目以"-"号填列。

（20）"其他综合收益的税后净额"项目，反映企业根据企业会计准则规定未在损益中确认的各项利得和损失扣除所得税影响后的净额。

（21）"综合收益总额"项目，反映企业净利润与其他综合收益（税后净额）的合计金额。

（22）"每股收益"项目，包括基本每股收益和稀释每股收益两项指标，反映普通股或潜在普通股已公开交易的企业，以及正处在公开发行普通股或潜在普通股过程中的企业的每股收益信息。

四、会计报表的审核、报送和保管规范

1. 会计报表的审核

为了保证会计报表正确无误，会计报表编制完成以后，必须对报表编制的完整性、合理性、正确性和真实性经过认真审核，才能上报。

会计报表审核的主要内容有：

(1) 会计报表的种类是否按要求填制齐全，要求填列的项目是否全部填列。

(2) 会计报表各项目数字是否正确，有关小计、合计、总计或差额计算是否正确；表内及表与表之间的勾稽关系是否正确。

(3) 会计报表中需要加以说明的问题，是否有相应的文字说明，补充资料是否填列完整。

审核会计报表是一项细致工作，各企业单位应指派专人负责审核工作，以保证报表的质量符合要求。

2. 会计报表的报送和保管

会计报表审核无误后，应及时报送。对外报送的财务报告，应当依次编写页码，加具封面，装订成册，加盖公章。封面上应当注明：单位名称，单位地址，财产报告所属年度、季度、月度，送出日期，并由单位负责人和主管会计工作的负责人、会计机构负责人（会计主管人员）签名并盖章；设置总会计师的单位，还须由总会计师签名并盖章。会计报表编制完成并按时报送后，留存的报表也应按月装订成册。

会计报表的装订顺序是：

(1) 会计报表封面。

(2) 会计报表编制说明。

(3) 各种会计报表按会计报表的编号顺序排列。

(4) 会计报表封底。会计报表在会计部门保管一年，满一年后应开列清册，移交档案部门进行保管。若会计报表由会计部门负责归档保管，应设专屋或专柜保管。

五、编制虚假财务会计报告的法律责任

编制虚假财务会计报告的行为，是指根据虚假的会计账簿记录而编制财务会计报告，或者凭空捏造虚假的财务会计报告以及对财务会计报告擅自进行没有依据的修改行为。根据《会计法》及有关法律制度的规定，对于有关单位和个人编制虚假财务会计报告的行为，应当追究其法律责任。

根据《刑法》第一百六十一条的规定，公司向股东和社会公众提供虚假的

或者隐瞒重要事实的财务会计报告，严重损害股东或者其他人利益的，对其直接负责的主管人员和其他直接责任人员，处3年以下有期徒刑或拘役，并处或者单处20 000元以上200 000元以下罚金。

根据《刑法》的有关规定，对编制虚假财务会计报告的行为，情节较轻，社会危害不大，尚不构成犯罪的，应当按照《会计法》的规定承担行政责任，主要包括：

1. 通报

由县级以上人民政府财政部门采取通报的方式对违法行为人予以批评、公告。通报决定由县级以上人民政府财政部门送达被通报人，并通过一定的媒介在一定的范围内公布。

2. 罚款

县级以上人民政府财政部门对有关单位和个人的违法行为，视其情节轻重，在予以通报的同时，可以对单位处5 000元以上100 000元以下的罚款，对其直接负责的主管人员和其他直接责任人员，可以处3 000元以上50 000元以下的罚款。

3. 行政处分

对上述违法行为直接负责的主管人员和其他直接责任人员中的国家工作人员，应当按干部管理权限由其所在单位或者其上级单位或者行政监察部门给予撤职、留用察看直至开除的行政处分。

模块二

会计基础手工实训

一、实训目的

通过基础会计模拟实训，学生可以全面系统地掌握会计凭证的填制与审核、会计账簿的建立与登记、对账与结账、会计报表的编制等会计核算的基本操作技能和方法，加强对会计知识的理解、对会计基本方法的运用和对会计基本技能的训练，提高会计业务综合处理能力，能够将会计理论知识和会计实务有机地结合在一起，提高记账、算账、报账的实际操作能力。具体来说主要有：

（1）全面巩固课堂学习和练习的成果，增强学生通盘处理会计业务的意识，为会计后续专业课程的学习和岗位工作实践打下基础。

（2）通过反复训练，提高学生动手能力，包括期初建账的能力，编制记账凭证的能力，设置登记各类账簿的能力，编制会计报表的能力，账目稽核能力；促进学生完成由新手到能手的转变，由自然人到会计专业人才的转化。

（3）培养学生认真细致、一丝不苟的工作作风和理论联系实践的学习态度。

二、实训要求

要求每个学生必须把发生的经济业务事项按实际会计工作的要求，独立地操作一遍，最终把证、账、表资料装订成册，形成训练成果。具体来讲就是：

（1）进行训练时，必须正确理解经济业务的具体内容，在进行认真思考确认无误后方可进行具体处理。为了防止出现错误和遗漏，做完后应认真加以检查和复审。

（2）应按照会计核算的具体要求，依次做好会计凭证的填制、账簿的登记和会计报表的编制工作。

（3）所用的各种凭证、账簿和报表一律使用国家统一会计制度要求使用的格式。凭证账簿、报表上所列的项目要按规定填写清楚、完整。

（4）在填制会计凭证、登记账簿和编制会计报表时，除按规定必须使用红墨水书写外，所有文字、数字书写都应该使用蓝（黑）墨水书写，不准使用铅笔和圆珠笔。

（5）在训练过程中，对于出现的账务处理错误，应该按照规定的方法更正，不得任意涂改或刮擦挖补。

（6）文字和数字书写要正确、整洁、清楚、流畅，特别要注意会计数码字的书写应符合财会工作书写要求。

（7）学生必须独立完成，严禁转抄。

三、实训程序

（1）根据模拟企业的期初建账资料，选择不同格式的账页设置账簿（包括总账、明细账、日记账），同时将期初余额逐笔登记到各总账、明细账及日记账中，并认真进行核对。

（2）根据模拟企业 2023 年 5 月所发生的经济业务编制 2023 年 5 月份的记账凭证，记账凭证采用通用记账凭证。

（3）根据审核无误的记账凭证登记现金日记账和银行存款日记账。

（4）根据审核无误的记账凭证并结合经济业务具体内容登记各明细账。

（5）根据审核无误的记账凭证登记总账。

（6）在全部经济业务入账后进行试算平衡，并编制试算平衡表。

（7）对账并结账。将总账及有关明细账、日记账等进行核对，计算各账户的本期发生额和期末余额，按规范方法进行结账处理。

（8）根据总账和明细账中的有关记录编制资产负债表和利润表。

（9）撰写实训报告。要求每人撰写一份实训报告，写清实训的时间、地点、指导老师、目的、要求、程序，最后总结在手工会计操作中的体会，并提出需要改进和注意的问题。

（10）实训结束后，将记账凭证按编号排序，将各种账簿按不同格式排序整理成册，最后把凭证、账簿、报表、实训报告等资料交给指导老师。

四、实训耗材

为完成本模拟实训应准备下表所列材料：

物品名称	所需数量
总账账页	20 张/人
现金日记账账页	1 张/人
银行存款日记账账页	1 张/人

续表

物品名称	所需数量
三栏式明细账账页	4 张/人
数量金额式明细账账页	2 张/人
多栏式明细账账页	6 张/人
通用记账凭证	70 页/人
资产负债表	1 张/人
利润表	1 张/人
账夹	1 个/人

五、实训提示

成立一个合法的企业必须有以下资料：组织机构代码证、公司章程、营业执照、税务登记证、验资报告等，以上资料是会计建账的法律依据。

（一）设置账簿流程

任何企业在成立初始，都面临建账问题，即根据企业具体行业要求和将来可能发生的会计业务情况，购置所需要的账簿，然后根据企业日常发生的业务情况和会计处理程序登记账簿。

建账流程分为"选择准则""准备账簿""科目选择""填制账簿"等内容。

1. 选择适用准则

应根据企业经营行业、规模及内部财务核算特点，选择适用的《企业会计准则》或《小企业会计准则》。

《小企业会计准则》适用于在中华人民共和国境内设立的、同时满足下列三个条件的企业（小企业）：

（1）不承担社会公众责任。

（2）经营规模较小。

（3）既不是企业集团内的母公司也不是子公司。

如果不能同时满足上述三个条件，企业需要选择《企业会计准则》。按规定需要建账的个体工商户参照执行《小企业会计准则》。

2. 准备账簿

建账时应考虑的问题：

（1）与企业相适应。企业规模与业务量是成正比的，规模大的企业，业务量大，分工也复杂，会计账簿需要的册数也多。企业规模小，业务量也小，有的企业一个会计就可以处理所有经济业务，设置账簿时没有必要设许多账，所有的明细账合成一两本就可以了。

(2) 依据企业管理需要。建立账簿是为了满足企业管理需要，为管理提供有用的会计信息，所以在建账时以满足管理需要为前提，避免重复设账、记账。

(3) 依据账务处理程序。企业业务量大小不同，采用的账务处理程序也不同。企业一旦选择了账务处理程序，也就选择了账簿的设置，如果企业采用的是记账凭证账务处理程序，企业的总账就要根据记账凭证序时登记，此时就要准备一本序时登记的总账。

小企业准备建账时应设置的账簿有：

(1) 现金日记账。一般企业只设 1 本现金日记账。但如果有外币，则应就不同的币种分设现金日记账。

(2) 银行存款日记账。一般应根据每个银行账号单独设立 1 本账。如果企业只设了基本账户，则只设 1 本银行存款日记账。

现金日记账和银行存款日记账均应使用订本账。根据单位业务量大小可以选择购买 100 页的或 200 页的。

(3) 总分类账。一般企业只设 1 本总分类账。外形使用订本账，根据单位业务量大小可以选择购买 100 页的或 200 页的。这 1 本总分类账包含企业所设置的全部账户的总括信息。

(4) 明细分类账。明细分类账采用活页形式。存货类的明细账要用数量金额式的账页；收入、费用、成本类的明细账要用多栏式的账页；应交增值税的明细账单有账页；其他的基本全用三栏式账页。因此，企业需要分别购买这 4 种账页，数量的多少依然是根据单位业务量等情况而不同。业务简单且业务量少的企业可以把所有的明细账户设在 1 本明细账上；业务量多的企业可根据需要分别就资产、权益、损益类分 3 本明细账；也可单独就存货、往来账项各设 1 本……此处没有硬性规定，完全视企业管理需要来设。

（二）科目选择

可参照选定会计准则中会计科目及主要账务处理，结合自己单位所属行业及企业管理需要，依次从资产类、负债类、所有者权益类、成本类、损益类中选择应设置的会计科目。

（三）填制账簿内容

(1) 封皮。

(2) 扉页（或使用登记表，明细账中称经管人员一览表）：①单位或使用者名称，即会计主体名称，与公章内容一致；②印鉴，即单位公章；③使用账簿页数，在本年度结束（12 月 31 日）据实填写；④经管人员，需盖相关人员个人签名章。记账人员更换时，应在交接记录中填写交接人员姓名、经管及交出时间和监交人员职务、姓名；⑤粘贴印花税票并划双横线，除实收资本、资本公积按万分之五贴花外，其他账簿均按 5 元每本贴花。如明细账分若干本的话，还需在表中填列账簿名称。

（3）总分类账的账户。采用订本式，印刷时已事先在每页的左上角或右上角印好页码。但由于所有账户均须在一本总账上体现，故应给每个账户预先留好页码。例如，"库存现金"用第 1、2 页，"银行存款"用第 3、4、5、6 页，根据单位具体情况设置，并把科目名称及其页次填在账户目录中。

明细分类账由于采用活页式账页，在年底归档前可以增减账页，故不必非常严格地预留账页。现金或银行存款日记账各自登记在一本上，故不存在预留账页的情况。

（4）账页。
①现金和银行存款日记账不用对账页特别设置。
②总账账页按资产、负债、所有者权益、成本、收入、费用的顺序把所需会计科目名称写在左上角或右上角的横线上，或直接加盖科目章。
③明细账账页按资产、负债、所有者权益、成本、收入、费用的顺序把所需会计科目名称写在左（右）上角或中间的横线上，或直接加盖科目章，包括根据企业具体情况分别设置的明细科目名称。另外，对于成本、收入、费用类明细账还需以多栏式分项目列示，例如，"管理费用"借方要分成办公费、交通费、电话费、水电费、工资等项列示，具体情况按企业管理需要，即费用的分项目列示，每个企业可以不相同。

为了查找、登记方便，在设置明细账账页时，每一账户的第一张账页外侧粘贴口取纸，并各个账户错开粘贴。

六、实训资料

（一）本体公司概况

（1）公司名称：嘉陵纺织有限责任公司（简称嘉陵纺织）。
（2）性质：有限责任公司，增值税一般纳税人（税率13%）。
（3）税务登记号：510107333666555。
开户行：工行北湖支行（行号2153）。
账号：15022223333。
地址电话：南充市北湖路 76 号，2701532。
会计：庄严；出纳：李昊；财务主管：张庆。
（4）主要产品：丝绸衬衣和丝绸被面。

(5) 部门设置。
①生产车间：车间生产丝绸衬衣和丝绸被面两种产品。
②管理部门：经理室、公司办公室、供应部、销售部、财务部等。

（二）期初建账资料

嘉陵纺织有限责任公司2023年5月1日总账及明细账期初余额如表2-1所示。

表2-1 总账及明细账期初余额表   单位：元

科目编码	总账科目	明细科目	期初余额 借方	期初余额 贷方
1001	库存现金		5 000	
1002	银行存款		6 200 000	
1015	其他货币资金			
1122	应收账款	盛华商贸公司	2 106 000	
		红星商场	80 000	
		新世纪百货公司	600 000	
1123	预付账款		96 000	
1221	其他应收款		6 000	
1403	原材料	白厂丝	3 000千克 600 000	
		双宫丝	4 000千克 720 000	
1405	库存商品	丝绸被面	14 000床 3 640 000	
		丝绸衬衣	13 000件 1 820 000	
1601	固定资产		12 000 000	
1602	累计折旧			3 500 000
2001	短期借款			
2202	应付账款	大进丝厂		2 340 000
		六合丝厂		1 170 000
2211	应付职工薪酬	工资		
		福利费		168 000
2221	应交税费			680 000
2232	应付利息			
2241	其他应付款			15 000

续表

科目编码	总账科目	明细科目		期初余额	
				借方	贷方
2501	长期借款				2 000 000
4001	实收资本				16 000 000
4002	资本公积				1 000 000
4101	盈余公积				800 000
4103	本年利润				
4104	利润分配				200 000
5001	生产成本	丝绸被面	直接材料		
			直接人工		
			制造费用		
		丝绸衬衣	直接材料		
			直接人工		
			制造费用		
5101	制造费用				
6001	主营业务收入				
6051	其他业务收入				
6301	营业外收入				
6401	主营业务成本				
6402	其他业务成本				
6403	税金及附加				
6601	销售费用				
6602	管理费用	职工薪酬			
		办公费			
		折旧费			
		差旅费			
		水电费			
		业务招待费			
		其他费用			
6603	财务费用				
6711	营业外支出				
6801	所得税费用				

（三）嘉陵纺织有限责任公司 2023 年 5 月发生以下经济业务

（1）5月1日，开出转账支票一张，偿还上个月从六合丝厂购买材料所欠货款 1 170 000 元。(转账支票存根1张)

中国工商银行
转账支票存根
（川）

$\dfrac{BB}{02}$　02075370

附加信息　15022223327

_____

_____

出票日期　2023 年 5 月 1 日

收款人：	六合丝厂
金　额：	￥1 170 000.00
用　途：	办理银行汇票

单位主管：张庆　　会计：庄严

（2）5月1日，开出现金支票一张，提取现金 3 000 元备用。

中国工商银行
现金支票存根
（川）

$\dfrac{BB}{02}$　02075363

附加信息　15022223333

_____

_____

出票日期　2023 年 5 月 1 日

收款人：	嘉陵纺织有限责任公司
金　额：	￥3 000.00
用　途：	备用金

单位主管：张庆　　会计：庄严

（3）5月2日，因生产经营临时性需要，向银行申请取得期限为 6 个月的借款 2 000 000 元，年利率为 6%，按季度付息。

ICBC　中国工行银行　借款凭证（收账通知）　2

实贷日期（银行填写）：2023年5月2日　　　合同号码：1201

借款单位	名称	嘉陵纺织有限责任公司		约定偿还日期	2023年11月01
	存款账号	1234567891233	贷款账号 2378008568	展期偿还日期	

贷款种类	短期资金贷款	月利率	5‰	贷款期间	半年期

申请借款金额	贰佰万元整	核准借款金额	贰佰万元整	千百十万千百十元角分 ¥ 2 0 0 0 0 0 0 0 0

借款直接用途　1.生产经营

上列借款已批准发放，转入单位结算户。　银行分录：　　年　月　日
此致　　　　　　　　　　　　　　　　　　　借：
单位　　　　　　　　　　　　　　　　　　　贷：
（银行签章）

（2023年05月02日　记转）

（4）5月2日，收到银行收账通知，收到新世纪百货公司汇来的上月所欠货款600 000元。

工商银行　信汇凭证（收账通知或取款收据）　第 7 号

委托日期　2023年5月2日　　　应解汇款编号

汇款人	全称	新世纪百货公司	收款人	全称	嘉陵纺织有限责任公司
	账号	1234567895555		账号	15022223333
	汇出地点	四川省广安市/县		汇入地点	四川省南充市/县
汇出行名称	工商银行广安支行		汇入行名称	工商银行北湖支行	
金额	人民币（大写）陆拾万元整			千百十万千百十元角分 ¥ 6 0 0 0 0 0 0 0	

汇款用途：如需加急，请在括号内注明（　）　支付密码

附加信息及用途：

汇出行签章　　　　　　　　　　复核：　　　记账：

此联给收款人收账通知或代取款收据

（5）5月2日，采用信汇结算方式，偿还上个月从大进丝厂购买材料所欠货款2 340 000元。

工商银行 信汇证（回单）

第 8 号
委托日期 2023 年 5 月 2 日　　　应解汇款编号

汇款人	全称	嘉陵纺织有限责任公司	收款人	全称	大进丝厂
	账号	15022223333		账号	15033335566
	汇出地点	四川省南充市/县		汇入地点	四川省成都市/县
汇出行名称		工商银行北湖支行	汇入行名称		工商银行嘉陵支行

金额	人民币（大写）贰佰叁拾肆万元整	千 百 十 万 千 百 十 元 角 分 ¥ 2 3 4 0 0 0 0 0 0

汇款用途：如需加急
注明（　）

支付密码

附加信息及用途：

汇出行签章　　　　复核：　　　　记账：

此联给汇款人汇出通知或代汇款回执

（6）5月3日，从大进丝厂购买白厂丝2 000千克，型号20—22D，单价200元；双宫丝1 000千克，型号100—200D，单价180元，价款共计580 000元，增值税率13%，货款签发转账支票支付，材料已验收入库。

NO.012333

开票日期：2023 年 5 月 3 日

购货单位	名　称	嘉陵纺织有限责任公司	密码区	(略)
	纳税人识别号	510107333666555		
	地址、电话	南充市北湖路76号 2701532		
	开户行及账户	工商银行北湖支行 15022223333		

货物或应税劳务名称	规格型号	单位	数量	单价	金额	税率	税额
白厂丝		千克	2 000	200.00	400 000.00	13%	52 000.00
双宫丝		千克	1 000	180.00	180 000.00	13%	23 400.00
合计					580 000.00		75 400.00

价税合计	（大写）陆拾伍万伍仟肆佰元整　　（小写）¥ 655 400.00

销货单位	名　称	大进丝厂	备注	
	纳税人识别号	510101998556688		
	地址、电话	南充嘉陵　3760333		
	开户行及账户	工商银行嘉陵支行 15033335566		

收款人：刘丽　　复核：陈大川　　开票人：王茜　　销货单位（章）

中国工商银行
转账支票存根　（川）

$\dfrac{BB}{02}$　02075377

附加信息　15022223333

_____

_____

出票日期　2023 年 5 月 3 日

收款人：大进丝厂	
金　额：¥655 400.00	
用　途：支付货款	

单位主管：张庆　　会计：庄严

入　库　单

第 1123 号

入库类型：　　　　仓库：　　　　　　　入库日期：

序号	编码	品名	规格	摘要	当前结存	单位	数量	单价	金额
1									
2									
3									
4									
5									
6									
金额合计（大写）									
备注									
经手人		司小波			库管员		郑昊天		

（7）5 月 5 日，从六合丝厂购买白厂丝 1 000 千克，型号 20—22D，单价 200 元；双宫丝 1 000 千克，型号 100—200D，单价 180 元，价款共计 380 000 元，增值税率 13%，货款暂欠，材料已验收入库。

NO.012336

四川省增值税专用发票

开票日期：2023 年 5 月 5 日

购货单位	名　　　称：嘉陵纺织有限责任公司 纳税人识别号：510107333666555 地　址、电　话：南充市北湖路76号 　　　　　　　2701532 开户行及账户：工商银行北湖支行 　　　　　　　15022223333	密码区	（略）

货物或应税劳务名称	规格型号	单位	数量	单价	金额	税率	税额
白厂丝		千克	1 000	200.00	200 000.00	13%	26 000.00
双宫丝		千克	1 000	180.00	180 000.00	13%	23 400.00
合计					380 000.00		49 400.00

价税合计	（大写）肆拾贰万玖仟肆佰元整　　　　　（小写）￥429 400.00

销货单位	名　　　称：六合丝厂 纳税人识别号：510101998556699 地　址、电　话：南充嘉陵　3760335 开户行及账户：工商银行嘉陵支行 　　　　　　　15033335588	备注	（六合丝厂财务专用章）

收款人：刘丽　　　复核：陈大川　　　　　开票人：王茜　　　销货单位（章）：

第三联：发票联　购买方记账凭证

入库单

第 1123 号

入库类型：　　　　　　　仓库：　　　　　　　　　　　入库日期：

序号	编码	品名	规格	摘要	当前结存	单位	数量	单价	金额
1									
2									
3									
4									
5									
6									
金额合计（大写）									
备注									
经手人	司小波			库管员			郑昊天		

（8）5 月 6 日，从成都市机械设备厂购买一条自动生产线，货款 3 000 000 元，增值税 390 000 元，采用电汇结算方式支付全部款项，生产线当即投入使用。

 工商银行　电汇凭证（回单）　　第 10 号

委托日期 2023 年 5 月 6 日　　应解汇款编号

汇款人	全称	嘉陵纺织有限责任公司	收款人	全称	成都市机械设备厂
	账号	15022223333		账号	15022229999
	汇出地点	四川省南充市/县		汇入地点	四川省成都市/县

汇出行名称	工商银行北湖支行	汇入行名称	工商银行新都支行

金额	人民币（大写）叁佰叁拾玖万元整	千 百 十 万 千 百 十 元 角 分
		￥ 3 3 9 0 0 0 0 0 0

汇款用途：如需加急，请在括号内注明（　　）

支付密码

附加信息及用途：

汇出行签章　　　复核：　　　记账：

此联给汇款人汇出通知或代汇款回执

四川省增值税专用发票　　NO. 012343

开票日期：2023 年 5 月 6 日

购货单位	名　　称：嘉陵纺织有限责任公司 纳税人识别号：510107333666555 地　址、电　话：南充市北湖路76号　2701532 开户行及账户：工商银行北湖支行　15022223333	密码区	（略）

货物或应税劳务名称	规格型号	单位	数量	单价	金额	税率	税额
生产线		台	1	3 000 000.00	3 000 000.00	13%	390 000.00
合计					3 000 000.00		390 000.00

价税合计（大写）叁佰叁拾玖万元整	（小写）￥ 3 390 000.00

销货单位	名　　称：成都市机械设备厂 纳税人识别号：510101998556600 地　址、电　话：成都高新区　028 87677777 开户行及账户：工商银行成都市支行　15033335599	备注	

收款人：谭燕　　　复核：秦丽　　　开票人：史晓燕　　　销货单位（章）：

第三联：发票联　购买方记账凭证

嘉陵纺织有限责任公司固定资产验收单

2023 年 5 月 6 日

资产名称	计量单位	使用年限	使用部门	折旧率	已提折旧	设备原值
合计						

会计：庄严　　　　　　　　　　　　　验收：郑昊天

（9）5月7日，销售给红星商场下列商品：丝绸衬衣3 000件，单价200元；丝绸被面2 000床，单价300元，增值税率13%，收到对方支付的转账支票一张，当日送存银行。

NO. 03432307

开票日期：2023 年 5 月 7 日

购买方	名　　称：红星商场 纳税人识别号：510104251549687 地　址、电　话：南充顺庆　8798825 开户行及账户：工商银行顺庆支行 　　　　　　　12345678912 34	密码区	（略）

货物或应税 劳务名称	规格 型号	单位	数量	单价	金额	税率	税额
丝绸衬衣 丝绸被面 合计		件 床	3 000 2 000	200.00 300.00	600 000.00 600 000.00 1 200 000.00	13% 13%	78 000.00 78 000.00 156 000.00
价税合计	（大写）壹佰叁拾伍万陆仟元整				（小写）￥1 356 000.00		

销售方	名　　称：嘉陵纺织有限责任公司 纳税人识别号：510107333666555 地　址、电　话：南充市北湖路76号 　　　　　　　2701532 开户行及账户：工商银行北湖支行 　　　　　　　15022223333	备注	

收款人：李昊　　　复核：庄严　　　　　　开票人：王畅　　销售方（章）：

第一联：记账联　销售方记账凭证

中国工商银行进账单（收款通知） 第01116号

委托日期：2023年5月7日

付款人	全称	红星商场	收款人	全称	嘉陵纺织有限责任公司
	账号	1234567891234		账号	15022223333
	开户行	工商银行顺庆支行		开户行	工商银行北湖支行

人民币（大写）壹佰叁拾伍万陆仟元整	千	百	十	万	千	百	十	元	角	分
	¥	1	3	5	6	0	0	0	0	0

票据种类	转账支票
票据张数	1张

单位主管   会计   复核   记账

（10）5月8日，收到银行收账通知，收到盛华商贸公司汇来的上月所欠货款2 106 000元。

工商银行 信汇凭证 收账通知或取款收据 第 12 号

委托日期 2023年5月8日   应解汇款编号

汇款人	全称	盛华商贸公司	收款人	全称	嘉陵纺织有限责任公司
	账号	1234567893456		账号	15022223333
	汇出地点	四川省广安市/县		汇入地点	四川省南充市/县
	汇出行名称	工商银行广安支行		汇入行名称	工商银行北湖支行

金额	人民币（大写）贰佰壹拾万零陆仟元整	千	百	十	万	千	百	十	元	角	分
		¥	2	1	0	6	0	0	0	0	0

汇款用途：如需加急，请在括号内注明（   ）

支付密码

附加信息及用途：
2023.5.8

汇出行签章   复核：   记账：

此联给收款人收账通知或代取款收据

（11）5月10日，销售给盛华商贸公司丝绸被面5 000床，单价300元；丝绸衬衣2 000件，单价200元，增值税率13%，款项尚未收到。

四川省增值税专用发票　　NO.03432355

开票日期：2023 年 5 月 10 日

购买方	名　　称：盛华商贸公司 纳税人识别号：5101053551549567 地　址、电　话：广安　前锋　2398826 开户行及账户：工商银行前锋支行 　　　　　　　　1234567893456	密码区	（略）

货物或应税劳务名称	规格型号	单位	数量	单价	金额	税率	税额
丝绸衬衣 丝绸被面 合计		件 床	2 000 5 000	200.00 300.00	400 000.00 1 500 000.00 1 900 000.00	13% 13%	52 000.00 195 000.00 247 000.00

价税合计	（大写）贰佰壹拾肆万柒仟元整	（小写）￥1 147 000.00

销售方	名　　称：嘉陵纺织有限责任公司 纳税人识别号：510107333666555 地　址、电　话：南充市北湖路 76 号 　　　　　　　　2701532 开户行及账户：工商银行北湖支行 　　　　　　　　15022223333	备注	（嘉陵纺织有限责任公司财务专用章）

收款人：李昊　　　复核：庄严　　　开票人：王畅　　　销售方（章）：

第一联：记账联　销售方记账凭证

（12）5 月 11 日，车间生产丝绸衬衣领用白厂丝 2 000 千克，型号 20—22D，单位成本 200 元；领用双宫丝 2 000 千克，型号 100—200D，单位成本 180 元。

领 料 单

领料单位：　　　　　　　　　　　　　　　　领料日期：　年　月　日

用途	材料名称及规格	计量单位	数量		单价	金额
			请领	实领		

记账：庄严　　　发料：郑昊天　　　领料负责人：　　　领料：刘莉

（13）5 月 12 日，车间生产丝绸被面领用白厂丝 3 000 千克，型号 20—22D，单位成本 200 元；领用双宫丝 4 000 千克，型号 100—200D，单位成本 180 元。

领 料 单

领料单位：　　　　　　　　　　　　　　　　　领料日期：　年　月　日

用途	材料名称及规格	计量单位	数量 请领	数量 实领	单价	金额

记账：庄严　　　　发料：郑昊天　　　　领料负责人：　　　　领料：刘莉

（14）5月14日，收到银行收账通知，东华公司汇来2 000 000元，作为对本公司的投资款。

工商银行　信汇凭证　收账通知或取款收据　第 21 号

委托日期　2023 年 5 月 14 日　　　应解汇款编号

汇款人	全称	东华公司	收款人	全称	嘉陵纺织有限责任公司
	账号	1234567895555		账号	15022223333
	汇出地点	四川省广安市/县		汇入地点	四川省南充市/县
汇出行名称	工商银行广安支行		汇入行名称	工商银行北湖支行	

金额	人民币（大写）贰佰万元整	千	百	十	万	千	百	十	元	角	分
	¥		2	0	0	0	0	0	0	0	0

汇款用途：如需加急，请在括号内注明（　　）　　支付密码

附加信息及用途：

汇出行签章　（中国工商银行股份有限公司支行 2023.5.14 核算用章（03））　　复核：　　记账：

此联给收款人收账通知或代取款收据

投资协议书

甲方：嘉陵纺织有限责任公司　　　　　　　乙方：东华公司
（内容略）
甲方：嘉陵纺织有限责任公司　　　　　　　乙方：东华公司
代表：程天才　　　　　　　　　　　　　　代表：古赞东
2023 年 5 月 14 日　　　　　　　　　　　　2023 年 5 月 14 日

（15）5月15日，开出转账支票一张，偿还5月5日从六合丝厂购买材料所欠货款429 400元。

中国工商银行
转账支票存根　（川）

$\dfrac{B\ B}{0\ 2}$　02075372

附加信息　15022223327

出票日期	2023 年 5 月 15 日
收款人：	六合丝厂
金　额：	￥429 400.00
用　途：	偿还货款

单位主管：张庆　　会计：庄严

（16）5月16日，收到银行收账通知，收到盛华商贸公司汇来的本月10日所欠购货款2 147 000元。（信汇凭证通知联1张）

工商银行　信汇凭证　收账通知或取款收据　第 26 号

	委托日期	2023 年 5 月 16 日		应解汇款编号	
汇款人	全称	盛华商贸公司	收款人 全称	嘉陵纺织有限责任公司	
	账号	1234567893456	账号	15022223333	
	汇出地点	四川省广安市/县	汇入地点	四川省南充市/县	
汇出行名称	工商银行广安支行		汇入行名称	工商银行北湖支行	
金额	人民币（大写）贰佰壹拾肆万柒仟元整			￥ 2 1 4 7 0 0 0 0 0	
汇款用途：如需加急，请在括号内注明（　　）		支付密码			
附加信息及用途：					
汇出行签章			复核：	记账：	

此联给收款人收账通知或代取款收据

核算用章（03）　2023.5.16

(17) 5月17日，开出转账支票支付税款滞纳金2 000元。

中国工商银行
转账支票存根　（川）

$\dfrac{BB}{02}$　**02075375**

附加信息　15022223327

出票日期　2023 年 5 月 17 日

收款人：	南充市地税局
金　额：	￥2 000.00
用　途：	支付税款滞纳金

单位主管：张庆　　会计：庄严

收款收据

2023 年 5 月 17 日

今收到：嘉陵纺织有限责任公司		
人民币（大写）贰仟元整		￥：2 000.00
事由：税款滞纳金		
收款单位签章（南充市顺庆区地方税务局 征税专用）	收款人：李晓	交款人：王梅

(18) 5月18日，开出转账支票支付市电视台广告费12 000元。

中国工商银行
转账支票存根　（川）

$\dfrac{BB}{02}$　**02075376**

附加信息　15022223327

出票日期　2023 年 5 月 18 日

收款人：	南充广播电视台
金　额：	￥12 000.00
用　途：	广告费

单位主管：张庆　　会计：庄严

四川省南充市服务业、娱乐业、文化体育业通用发票（卷）
发票联

```
密码：
发票代码：237030600100
发票号码：0002612209
机打票号：0002612209
机器编号：9991200677740000
税务登记号：370305789612345
付款单位（个人）：嘉陵纺织有限责任公司
经营项目：广告传播


密  码  ▉▉▉▉

合计人民币（小写）12 000.00
合计人民币（大写）壹万贰仟元整
税控号：14048102701234534500

奖  区  ▉▉▉▉
```
（收款单位签章）

（19）5月19日，车间购买办公耗材花费600元，用现金支付。

四川省南充市服务业、娱乐业、文化体育业通用发票（卷）
发票联

```
密码：
发票代码：237030600200
发票号码：0002612309
机打票号：0002613456
机器编号：9991200666640123
税务登记号：370305789666345
付款单位（个人）：嘉陵纺织有限责任公司
经营项目：文化用品


密  码  ▉▉▉▉

合计人民币（小写）600.00
合计人民币（大写）陆佰元整
税控号：14048102701234 6780

奖  区  ▉▉▉▉
```
（收款单位签章）

（20）5月20日，从大进丝厂购买白厂丝5 000千克，型号20—22D，单价200元；双宫丝6 000千克，型号100—200D，单价180元，价款共计2 080 000元，增值税率13%，货款尚未支付，材料已验收入库。

NO.012336

开票日期：2023年5月20日

购货单位	名　　称：嘉陵纺织有限责任公司 纳税人识别号：510107333666555 地　址、电　话：北湖路76号　2701532 开户行及账户：工商银行北湖支行 　　　　　　　　15022223333	密码区	（略）

货物或应税劳务名称	规格型号	单位	数量	单价	金额	税率	税额
白厂丝		千克	5 000	200.00	1 000 000.00	13%	130 000.00
双宫丝		千克	6 000	180.00	1 080 000.00	13%	140 400.00
合计					2 080 000.00		270 400.00
价税合计	（大写）贰佰叁拾伍万零肆佰元整				（小写）￥2 350 400.00		

销货单位	名　　称：大进丝厂 纳税人识别号：510101998556688 地　址、电　话：南充嘉陵　3760333 开户行及账户：工商银行嘉陵支行 　　　　　　　　15033335566	备注	（大进丝厂财务专用章）

收款人：刘丽　　　复核：陈大川　　　开票人：王茜　　　销货单位（章）：

第三联：发票联　购买方记账凭证

入库单

第 1124 号

入库类型：　　　　　　　仓库：　　　　　　　入库日期：

序号	编码	品名	规格	摘要	当前结存	单位	数量	单价	金额
1									
2									
3									
4									
5									
6									
金额合计（大写）									
备注									
经手人		司小波			库管员		郑昊天		

(21) 5月21日，从六合丝厂购买白厂丝1 000千克，型号20—22D，单价200元；双宫丝2 000千克，型号100—200D，单价180元，价款共计560 000元，增值税率13%，货款签发转账支票支付，材料已验收入库。

NO.012337

开票日期：2023 年 5 月 21 日

购货单位	名　　　　称	嘉陵纺织有限责任公司	密码区	（略）
	纳税人识别号	510107333666555		
	地　址、电话	北湖路76号 2701532		
	开户行及账户	工商银行北湖支行 15022223333		

货物或应税劳务名称	规格型号	单位	数量	单价	金额	税率	税额
白厂丝		千克	1 000	200.00	200 000.00	13%	26 000.00
双宫丝		千克	2 000	180.00	360 000.00	13%	46 800.00
合计					560 000.00		72 800.00

价税合计	（大写）陆拾叁万贰仟捌佰元整	（小写）¥ 632 800.00

销货单位	名　　　　称	六合丝厂	备注	
	纳税人识别号	510101998556699		
	地　址、电话	南充嘉陵 3760333		
	开户行及账户	工商银行嘉陵支行 15033335588		

收款人：刘丽　　　复核：陈大川　　　开票人：王茜　　销货单位（章）：

第三联：发票联　购买方记账凭证

中国工商银行
转账支票存根
（川）

$\dfrac{BB}{02}$　02075381

附加信息　15022223335

出票日期　2023 年 5 月 21 日

收款人：六合丝厂

金　额：¥632 800.00

用　途：货税款

单位主管：张庆　　会计：庄严

入库单

第 1125 号

入库类型：			仓库：			入库日期：			
序号	编码	品名	规格	摘要	当前结存	单位	数量	单价	金额
1									
2									
3									
4									
5									
6									
金额合计（大写）									
备注									
经手人		司小波			库管员			郑昊天	

（22）5月21日，车间生产丝绸衬衣领用白厂丝1 000千克，型号20—22D，单位成本200元；领用双宫丝1 000千克，型号100—200D，单位成本180元。

领 料 单

领料单位：　　　　　　　　　　　　　　　　　领料日期：　年　月　日

用途	材料名称及规格	计量单位	数量		单价	金额
			请领	实领		

记账：庄严　　　　发料：郑昊天　　　　领料负责人：　　　　领料：刘莉

（23）5月22日，车间生产丝绸被面领用白厂丝1 500千克，型号20—22D，单位成本200元；领用双宫丝2 000千克，型号100—200D，单位成本180元。

领 料 单

领料单位：　　　　　　　　　　　　　　　　　领料日期：　年　月　日

用途	材料名称及规格	计量单位	数量		单价	金额
			请领	实领		

记账：庄严　　　　发料：郑昊天　　　　领料负责人：　　　　领料：刘莉

(24) 5月22日,采用信汇结算方式,偿还5月20日从大进丝厂购买材料所欠货款2 350 400元。(信汇凭证回单联1张)

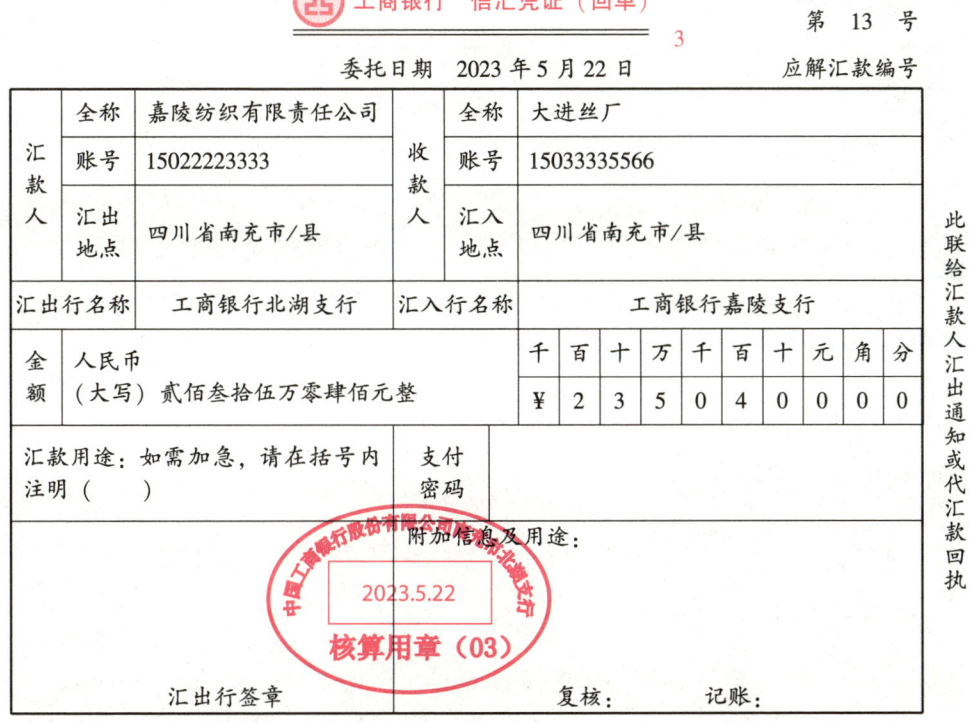

(25) 5月23日,从大进汽车贸易有限责任公司购进奥迪A6轿车1辆,价款300 000元,增值税39 000元,款项已开出转账支票支付,小轿车已交付使用。

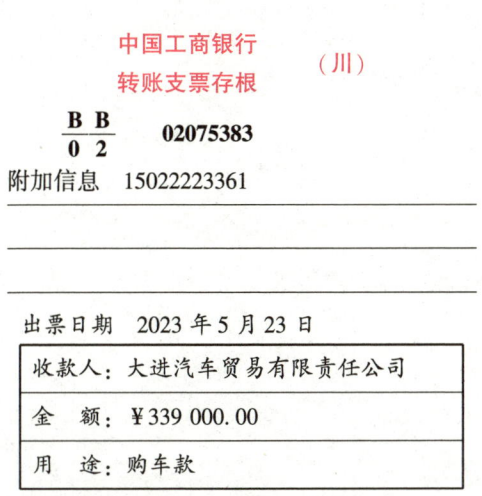

嘉陵纺织有限责任公司固定资产验收单

年　月　日

资产名称	计量单位	使用年限	使用部门	折旧率	已提折旧	设备原值
合计						

会计：庄严　　　　　　　　　　　　　　　　验收：郑昊天

NO.012351

开票日期：2023 年 5 月 23 日

购货单位	名称：嘉陵纺织有限责任公司 纳税人识别号：510107333666555 地址、电话：南充市北湖路76号　2701532 开户行及账户：工商银行北湖支行 　　　　　　　　15022223333	密码区	（略）

货物或应税劳务名称	规格型号	单位	数量	单价	金额	税率	税额
汽车	A6	辆	1	300 000.00	300 000.00	13%	39 000.00
合计					300 000.00		39 000.00

价税合计	（大写）叁拾叁万玖仟元整　　　　　　（小写）￥339 000.00

销货单位	名称：大进汽车贸易有限责任公司 纳税人识别号：510101998556688 地址、电话：南充嘉陵　3760388 开户行及账户：工商银行嘉陵支行 　　　　　　　　15033334488	备注	

收款人：田宗　　　复核：陈开　　　　开票人：李梅　　　销货单位（章）：

第三联：发票联　购买方记账凭证

（26）5月23日，行政办公室购买办公耗材花费500元，用现金支付。

四川省南充市服务业、娱乐业、文化体育业通用发票（卷）
发票联

密码：
发票代码：237030600220
发票号码：0002612311
机打票号：0002612311
机器编号：9991200666645600
税务登记号：370305789666345
付款单位（个人）：嘉陵纺织有限责任公司
经营项目：文化用品

密 码

合计人民币（小写）500.00
合计人民币（大写）伍佰元整
税控号：140481027012345789

（收款单位签章）

奖 区

(27) 5月24日，用现金向市邮政局支付下一季度的报刊订阅费900元。

四川省地方税务局通用机打发票

密 码

开票日期：2023年5月24日　　　　　　　　行业分类：文化业－教育

发票代码：246001260421
发票号码：00397229
付款方名称：嘉陵纺织有限责任公司
开票项目：报刊订阅费
金额大写：玖佰元整
金额小写：900.00
收款方名称：
（盖章）
开票人：王丽丽
备注：
（超过佰万元无效）　　　（适用范围：除娱乐业、餐饮业、旅店业以外的其他业务）

（28）5月24日，开出转账支票支付电话费1 800元。

中国工商银行
转账支票存根（川）

$\dfrac{BB}{02}$ 02075376

附加信息 15022223327

出票日期 2023 年 5 月 24 日

收款人：南充移动通信分公司	
金　额：￥1 800.00	
用　途：电话费	

单位主管：张庆　　会计：庄严

开票日期：2023 年 5 月 24 日　　　　　　行业分类：通信业

发票代码：246001260423
发票号码：00397231
付款方名称：嘉陵纺织有限责任公司
开票项目：电话费
金额大写：壹仟捌佰元整
金额小写：1 800.00
收款方名称：
（盖章）
开票人：杨杉
备注：
（超过佰万元无效）　（适用范围：除娱乐业、餐饮业、旅店业以外的其他业务）

（29）5月24日，销售给新世纪百货公司下列商品：丝绸衬衣2 000件，单价200元；丝绸被面5 000床，单价300元，增值税率13%，货款尚未收到。

四川省增值税专用发票

NO. 03432355

开票日期：2023年5月24日

购买方	名称	新世纪百货公司	密码区	（略）
	纳税人识别号	5101053551549567		
	地址、电话	广安前锋 2398826		
	开户行及账户	工商银行前锋支行 1234567893456		

货物或应税劳务名称	规格型号	单位	数量	单价	金额	税率	税额
丝绸衬衣		件	2 000	200.00	400 000.00	13%	52 000.00
丝绸被面		床	5 000	300.00	1 500 000.00	13%	195 000.00
合计					1 900 000.00		247 000.00

价税合计	（大写）贰佰壹拾肆万柒仟元整	（小写）¥ 2 147 000.00

销售方	名称	嘉陵纺织有限责任公司	备注	（财务专用章）
	纳税人识别号	510107333666555		
	地址、电话	南充市北湖路76号 2701532		
	开户行及账户	工商银行北湖支行 15022223333		

收款人：李昊　　复核：庄严　　　　开票人：王畅　　销售方（章）：

（30）5月25日，收到转账支票一张，系收取红星商场合同违约金5 000元，款项当即送存银行。

中国工商银行进账单（收款通知）　　第198号

委托日期：2023年5月25日

付款人	全称	红星商场	收款人	全称	嘉陵纺织有限责任公司
	账号	1234567891234		账号	15022223333
	开户行	工商银行顺庆支行		开户行	工商银行北湖支行

人民币（大写）	伍仟元整	千	百	十	万	千	百	十	元	角	分
					¥	5	0	0	0	0	0

票据种类	转账支票	中国工商银行北湖支行 2019年05月25日 收讫	收款人开户行盖章 2023年5月25日
票据张数	1张		

单位主管　　会计　　复核　　记账

（31）5月25日，销售给红星商场下列商品：丝绸衬衣4 000件，单价200元；丝绸被面4 000床，单价300元，增值税率13%，收到对方支付的转账支票一张，当日送存银行。

四川省增值税专用发票　　　　　　　　NO.03432313

开票日期：2023年5月25日

购买方	名　　称：红星商场 纳税人识别号：510104251549687 地　址、电话：南充顺庆　8798825 开户行及账户：工商银行顺庆支行 　　　　　　　1234567891234	密码区	（略）

货物或应税劳务名称	规格型号	单位	数量	单价	金额	税率	税额
丝绸衬衣		件	4 000	200	800 000	13%	104 000
丝绸被面		床	4 000	300	1 200 000	13%	156 000
合计					2 000 000		260 000

价税合计	（大写）贰佰贰拾陆万元整	（小写）￥2 260 000.00

销售方	名　　称：嘉陵纺织有限责任公司 纳税人识别号：510107333666555 地　址、电话：南充市北湖路76号　2701532 开户行及账户：工商银行北湖支行　15022223333	备注	

收款人：李昊　　　复核：庄严　　　开票人：王畅　　　销售方（章）：

中国工商银行进账单（收款通知）　　　　第19号

委托日期：2023年5月25日

付款人	全称	红星商场	收款人	全称	嘉陵纺织有限责任公司
	账号	1234567891234		账号	15022223333
	开户行	工商银行顺庆支行		开户行	工商银行北湖支行

人民币（大写）	贰佰贰拾陆万元整	千	百	十	万	千	百	十	元	角	分
		￥	2	2	6	0	0	0	0	0	0

票据种类	转账支票		
票据张数	1张	收款人开户行盖章 2023年5月25日	
单位主管　　会计　　复核　　记账			

中国工商银行北湖支行　2019年05月25日　收讫

（32）5月26日，公司办公室购买计算器花费450元，用现金支付，计算器当即发放。

××省工业企业产品销售发票

发票代码 151010634523
发票号码 00185239

购买方：嘉陵纺织有限责任公司　　　　　2023年5月26日

货号	货物或应税劳务、服务名称	计量单位	数量	单价	金额 十万 千 百 十 元 角 分
	计算器	台	1	450	¥ 4 5 0 0 0
金额合计（大写）	人民币肆佰伍拾元整				¥ 4 5 0 0 0

销售方：（章）　　开票：吴燕　　收款：王秀

第二联　发票联（购买方记账凭证）

（33）5月26日，销售部杨明前往重庆参加商品交易会，预借差旅费2 000元整。

借 款 单

2023年5月26日　　　　　　　　　字第046号

借款人姓名	杨明	借款理由	预借差旅费
所属部门			
借款金额¥2 000元　人民币（大写）贰仟元整			
单位负责人批准	财务负责人意见	部门负责人意见	借款人签字　杨明

会计主管：张庆　　复核：庄严　　出纳：王畅　　经手人：

（34）5月26日，销售给盛华商贸公司下列商品：丝绸衬衣1 000件，单价200元；丝绸被面6 000床，单价300元，增值税率13%，收到对方支付的转账支票一张，当日送存银行。

四川省增值税专用发票

NO.03432323

开票日期：2023 年 5 月 26 日

购买方	名　　　称：盛华商贸公司 纳税人识别号：5101053551549567 地　址、电　话：广安　前锋　2398826 开户行及账户：工商银行前锋支行 　　　　　　　　1234567893456	密码区	（略）

货物或应税劳务名称	规格型号	单位	数量	单价	金额	税率	税额
丝绸衬衣		件	1 000	200	200 000	13%	26 000
丝绸被面		床	6 000	300	1 800 000	13%	234 000
合计					2 000 000		260 000

价税合计	（大写）贰佰贰拾陆万元整	（小写）¥ 2 260 000.00

销售方	名　　　称：嘉陵纺织有限责任公司 纳税人识别号：510107333666555 地　址、电　话：南充市北湖路76号 　　　　　　　　2701532 开户行及账户：工商银行北湖支行 　　　　　　　　15022223333	备注	（嘉陵纺织有限责任公司财务专用章）

收款人：李昊　　　复核：庄严　　　开票人：王畅　　　销售方（章）：

第一联：记账联　销售方记账凭证

中国工商银行进账单（收款通知）　　　　第 34 号

委托日期：2023 年 5 月 26 日

付款人	全称	盛华商贸公司	收款人	全称	嘉陵纺织有限责任公司
	账号	1234567893456		账号	15022223333
	开户行	工商银行前锋支行		开户行	工商银行北湖支行

人民币（大写）	贰佰贰拾陆万元整	千	百	十	万	千	百	十	元	角	分
	¥		2	2	6	0	0	0	0	0	0

票据种类	转账支票	中国工商银行北湖支行 2019年05月26日 收讫	收款人开户行盖章 2023 年 5 月 26 日
票据张数	1 张		

单位主管　　　会计　　　复核　　　记账

（35）5 月 27 日，向银行提交"银行汇票委托书"，办理银行汇票 800 000 元，准备用于向宏达股份公司购买材料一批。

中国××银行汇票委托书（存根）

申请日期 2023 年 5 月 27 日

申请人	嘉陵纺织有限责任公司	收款人	宏达股份公司
账号或住址	工商银行北湖支行 账号：15022223333	账号或住址	工商银行高坪支行 账号：15033334455
用途	货款	代理付款行	工商银行北湖支行
汇票金额	人民币（大写）捌拾万元整	千百拾万千百拾元角分 ¥ 8 0 0 0 0 0 0 0	
备注		科　目…………………… 对方科目…………………… 票证安全码	

此联申请人留存

会计主管：陈凯　　　复核：段炼　　　柜员：李楠

中国工商银行
转账支票存根　　（川）

BB/02　02075377

附加信息　15022223333

出票日期　2023 年 5 月 27 日

收款人：宏达股份公司

金　额：¥800 000.00

用　途：办理银行汇票

单位主管：张庆　　会计：庄严

（36）5月27日，用存款支付申请银行承兑汇票手续费300元。

中国工商银行
转账支票存根　　（川）

BB/02　02075377

附加信息　15022223333

出票日期　2023 年 5 月 27 日

收款人：宏达股份公司

金　额：¥300.00

用　途：付银行承兑汇票手续费

单位主管：张庆　　会计：庄严

(37) 5月27日，销售给个体户张哲丝绸衬衣25件，单价200元，收到现金5 650元。

××省工业企业产品销售发票

购买方：张哲　　　　　　　　　　　　　　　2023年5月27日

货号	货物或应税劳务、服务名称	计量单位	数量	单价	金额								
					十	万	千	百	十	元	角	分
	丝绸衬衣	件	25	226.00	¥		5	6	5	0	0	0
金额合计（大写）	人民币伍仟陆佰伍拾元整				¥		5	6	5	0	0	0

销售方：（章）　　　　开票：吴燕　　　　收款：李昊

第一联　记账联（销售方记账凭证）

(38) 5月27日，出纳员将库存多余现金2 950元送存银行。

中国工商银行现金存款凭条（回单）

发票代码151010634523
2023年5月27日　　　发票号码0234567

存款人	全称	嘉陵纺织有限责任公司										
	账号	15022223333	款项来源	货款缴付							
	开户行	工商银行北湖支行	交款人	李昊							
人民币（大写）贰仟玖佰伍拾元整					百	十	万	千	百	十	元	角	分
								¥	2	9	5	0	0	0
票面	张数	金额	票面	张数	金额							
100元			5角									
50元			2角									
20元			1角									
10元			5分									
5元			2分									
2元			1分									
1元						复核：段军　　经办：徐丽							

第一联　银行核对

(39) 5月28日，向附近灵江丝厂出售原材料白厂丝500千克，售价110 000元，增值税14 300元，收到对方转账支票一张，已送存银行。

四川省增值税专用发票

NO. 03432333

开票日期：2023 年 5 月 28 日

购买方	名　　称：灵江丝厂 纳税人识别号：5101053551549789 地　址、电　话：南充高坪　2398878 开户行及账户：工商银行高坪支行 　　　　　　　1234567894567	密码区	（略）

货物或应税劳务名称	规格型号	单位	数量	单价	金额	税率	税额
白厂丝 合计		千克	500	220.00	110 000 110 000	13%	14 300 14 300
价税合计	（大写）壹拾贰万肆仟叁佰元整				（小写）￥124 300.00		

销售方	名　　称：嘉陵纺织有限责任公司 纳税人识别号：510107333666555 地　址、电　话：南充市北湖路 76 号 　　　　　　　2701532 开户行及账户：工商银行北湖支行 　　　　　　　15022223333	备注	（嘉陵纺织有限责任公司 财务专用章）

收款人：李昊　　　复核：庄严　　　　　开票人：王畅　　销售方（章）：

第一联：记账联　销售方记账凭证

中国工商银行进账单（收款通知）　　　　第 39 号

委托日期：2023 年 5 月 28 日

付款人	全称	灵江丝厂	收款人	全称	嘉陵纺织有限责任公司
	账号	1234567894567		账号	15022223333
	开户行	工商银行高坪支行		开户行	工商银行北湖支行

人民币 （大写）	壹拾贰万肆仟叁佰元整	千	百	十	万	千	百	十	元	角	分
				￥	1	2	4	3	0	0	0

票据种类	转账支票	中国工商银行北湖支行 2019年05月28日 收讫	收款人开户行盖章 2018 年 5 月 28 日
票据张数	1 张		
单位主管　　会计　　复核　　记账			

(40) 5月28日，结转已出售的白厂丝成本100 000元。

产品销售成本计算表

2023年5月28日

产品名称	销售数量/件	单位成本/元	成本总额/元	备注
白厂丝	千克	200		
合计				

财务主管：张庆　　　　审核：庄严　　　　　　　　制单：郑昊天

(41) 5月29日，销售部杨明出差回来，报销差旅费1 800元，交回多余现金200元。

收款收据

2023年5月29日

今收到：销售部杨明交来现金200元	
人民币（大写）贰佰元整	￥200.00
事由：报销差旅费，交回多余现金	
收款单位财务章	
收款人：李昊	交款人：杨明

出差旅费报销单

预借金额：2 000.00元　　　实报金额：1 800.00元　　　超（节）金额：200.00元

报账日期：2023年5月29日　　　　　　　　　　　　　　　　　　附件6张

部门	销售部	姓名	杨明	出差事由	前往重庆参加商品交易会			
起止日期			起止地点	车船费	住宿费	途中补贴	其他	合计	说明事项
月	日	月	日						
5	26	5	26	南充—重庆	300.00	200.00	100.00		600.00	
5	27	5	28	重庆		600.00	200.00		800.00	
5	29	5	29	重庆—南充	300.00		100.00		400.00	
				合计	600.00	800.00	400.00		1 800.00	

报销金额合计（大写）壹仟捌佰元整

公司负责人：王伟国　部门负责人：张庆　审核：郑欣　会计：庄严　出差人：杨明

(42) 5月29日，公司办公室报销公司管理人员安全培训费400元，用现金支付。

四川省地方税务局通用机打发票

四川省 发票联 地方税务局监制

密码

发票代码 246001260413
发票号码 01397234

开票日期：2023年5月29日

行业分类：文化业－教育

发票代码：246001260413

发票号码：01397234

付款方名称：嘉陵纺织有限责任公司

开票项目：培训费

金额大写：肆佰元整

金额小写：400.00

收款方名称：

（盖章）

开票人：王丽

（超过万元无效）　　（适用范围：除娱乐业、餐饮业、旅店业以外的其他业务）

第一联发票联　付款方记账凭证（手开无效）

(43) 5月29日，收到银行转来的南充嘉陵电力公司托收结算凭证的付款通知联，支付电费10 000元，增值税1 300元。其中，车间耗用9 000元，行政管理部门耗用700元，销售部门耗用300元。

同城特约委托收款凭证（回单）　　第 01336789 号

委托日期：2023年5月29日　　单位编号：510107333666555

付款人	全称	嘉陵纺织有限责任公司	收款人	全称	南充嘉陵电力公司
	账号	15022223333		账号	15033337890
	开户行	工商银行北湖支行		开户行	工商银行嘉陵支行

人民币（大写）壹万壹仟叁佰元整　　￥ 1 1 3 0 0 0 0

收费项目名称	电费	债务证明种类	所附单证张数	
备注				

中国工商银行北湖支行
2023年05月29日
收讫

单位主管：王曦　会计：李大伟　复核：郑芳　记账：陈立　付款人开户银行（盖章）

2023年5月29日

此联是付款人开户银行支付款项后给付款人的回单

NO.0112456

开票日期：2023 年 5 月 29 日

购货单位	名　　　　称：嘉陵纺织有限责任公司 纳税人识别号：510107333666555 地　址、电　话：南充市北湖路76号　2701532 开户行及账户：工商银行北湖支行　15022223333	密码区	（略）

货物或应税劳务名称	规格型号	单位	数量	单价	金额	税率	税额
电		度	20 000	0.50	10 000.00	13%	1 300.00
合计					10 000.00		1 300.00

价税合计	（大写）壹万壹仟叁佰元整　　　　（小写）¥ 11 300.00

销货单位	名　　　　称：南充嘉陵电力公司 纳税人识别号：510101998456789 地　址、电　话：南充嘉陵　3760234 开户行及账户：工商银行嘉陵支行　15033337890	备注	（南充嘉陵电力公司财务专用章）

收款人：舒里　　　复核：程工　　　开票人：刘三　　　销货单位（章）

第三联：发票联　购买方记账凭证

动力费用分配表

2023 年 5 月 29 日

使用部门	电费/元	合计/元
生产车间	9 000.00	9 000.00
行政管理部门	700.00	700.00
销售部门	300.00	300.00
合计	10 000.00	10 000.00

财务主管：张庆　　　审核：庄严　　　制单：邓丽

（44）5 月 29 日，收到银行转来的嘉陵自来水公司托收结算凭证的付款通知联，支付水费 5 000 元，增值税 650 元。其中，车间耗用 4 500 元，行政管理部门耗用 300 元，销售部门耗用 200 元。

同城特约委托收款凭证（回单）

第 01336677 号

委托日期：2023 年 5 月 29 日　　　单位编号：510107333666777

付款人	全称	嘉陵纺织有限责任公司	收款人	全称	南充嘉陵自来水公司
	账号	15022223333		账号	15033337890
	开户银行	工商银行北湖支行		开户银行	工商银行嘉陵支行

人民币（大写）伍万陆仟伍拾元整	千	百	拾	万	千	百	拾	元	角	分
			¥	5	6	5	0	0	0	

收费项目名称	水费	债务证明种类		所附单证张数	
备注					

中国工商银行北湖支行　2023年05月29日　收讫

单位主管：陈安华　会计：夏小　复核：黄利　记账：秦天　付款人开户银行（盖章）
2023 年 5 月 29 日

此联是付款人开户银行支付款项后给付款人的回单

四川增值税专用发票

NO. 0123456

开票日期：2023 年 5 月 29 日

购货单位	名称：嘉陵纺织有限责任公司	密码区	（略）
	纳税人识别号：510107333666555		
	地址、电话：南充市北湖路76号 2701532		
	开户行及账户：工商银行北湖支行 15022223333		

货物或应税劳务名称	规格型号	单位	数量	单价	金额	税率	税额
水		吨	2 000	2.50	5 000.00	13%	650.00
合计					5 000.00		650.00

价税合计	（大写）伍仟陆佰伍拾元整	（小写）¥ 5 650.00

销货单位	名称：南充嘉陵自来水公司	备注	
	纳税人识别号：510101998556677		
	地址、电话：南充嘉陵 3760333		
	开户行及账户：工商银行嘉陵支行 15033335566		

南充嘉陵自来水公司 财务专用章

收款人：孙丽丽　　复核：张中南　　开票人：李小　　销货单位（章）：

第三联：发票联　购买方记账凭证

动力费用分配表

2023 年 5 月 29 日

使用部门	电费/元	合计/元
生产车间	4 500.00	4 500.00
行政管理部门	300.00	300.00
销售部门	200.00	200.00
合计	5 000.00	5 000.00

财务主管：张庆　　　　审核：庄严　　　　制单：邓丽

（45）5 月 30 日，开出转账支票 600 000 元用于发放工资。

中国工商银行
转账支票存根　　　（Ⅲ）

B0/B2　02075377

附加信息　15022223333

出票日期　2023 年 5 月 30 日

收款人：嘉陵纺织有限责任公司员工工资账户

金　额：¥600 000.00

用　途：支付工资

单位主管：张庆　　会计：庄严

（46）5 月 31 日，根据工资结算汇总表编制工资费用分配表，分配本月工资费用。其中，生产丝绸被面工人工资 270 000 元，生产丝绸衬衣工人工资 200 000 元，车间管理人员工资 50 000 元，行政管理人员工资 60 000 元，销售人员工资 20 000 元。

工资费用分配表

2023 年 5 月 31 日　　　　　　　　　　　　单位：元

车间及部门			工资额
车间部门	生产工人	生产丝绸被面工人	
		生产丝绸衬衣工人	
	车间管理人员		
管理部门	行政管理人员		
销售部门	销售人员		
合　计			

财务主管：张庆　　　　复核：庄严　　　　制单：邓丽

(47) 5月31日，按工资费用的14%计提职工福利费。

职工福利费计提分配表

2023年5月31日　　　　　　　　　　　　　单位：元

车间及部门			金额
车间部门	生产工人	生产丝绸被面工人	
		生产丝绸衬衣工人	
	车间管理人员		
管理部门	行政管理人员		
销售部门	销售人员		
合　　计			

财务主管：张庆　　　复核：庄严　　　制单：邓丽

(48) 5月31日，计提本月应负担的短期款利息10 000元。

计提利息计算表

2023年5月31日　　　　　　　　　　　　金额单位：元

项　目	金　额
计提基数	2 000 000.00
提取利息比例（0.5%）	10 000.00

财务主管：张庆　　　复核：庄严　　　制单：张雪莲

(49) 5月31日，计提本月固定资产折旧25 000元。其中，车间用固定资产折旧费22 900元，行政管理部门用固定资产折旧费2 100元。

固定资产折旧计算表

2023年5月31日

使用部门	本月应计提折旧固定资产原值	月折旧率	月计提折旧额
车间	11 160 000	0.205%	22 900
管理部门	840 000	0.25%	2 100
合计	12 000 000		25 000

财务主管：张庆　　　复核：庄严　　　制单：张雪莲

(50) 5月31日，结转本月制造费用（按生产工人工资比例分配）。

制造费用分配表

2023 年 5 月 31 日　　　　　　　　　　　　金额单位：元

产品名称	分配标准（生产工人工资）	分配率	应分配金额	备注
丝绸被面	270 000			
丝绸衬衣	200 000			
合计	470 000			

财务主管：张庆　　　　　复核：庄严　　　　　制单：张雪莲

（51）5 月 31 日，生产车间本月生产丝绸衬衣全部完工，完工产品 10 000 件；丝绸被面全部完工，完工产品 9 000 床。两种产品均已验收入库，结转完工产品成本。

产品成本计算单

2023 年 5 月 31 日　　　　　　　　　　　　单位：元

成本项目	丝绸衬衣（10 000 件）总成本	单位成本	丝绸被面（9 000 床）总成本	单位成本
直接材料				
直接人工				
制造费用				
合　计				

财务主管：张庆　　　　　复核：庄严　　　　　制单：张雪莲

产成品入库单

第 0112 号

交库车间：基本生产车间　　2023 年 5 月 31 日　　仓库 12 号

产品编号	产品名称	型号规格	计量单位	送检数量	检验结果 合格	检验结果 不合格	实收数量	入库单价	金额
	丝绸衬衣		件	10 000	10 000		10 000		
	丝绸被面		床	9 000	9 000		9 000		
合计									

保管员：郑昊天　　检验员：刘萍　　交库人：李丽　　制单：张雪莲

(52) 5月31日，按先进先出法结转本月已销产品成本。

产品销售成本计算表

2023年5月31日

产品名称	销售数量/件	单位成本/元	成本总额/元	备注
丝绸衬衣				
丝绸被面				
合计				

财务主管：张庆　　　　复核：庄严　　　　制单：张雪莲

(53) 5月31日，财产清查时，发现盘盈白厂丝200千克，估计成本为40 000元。

财产盘点报告单

单位名称：5号仓库　　2023年5月31日　　单位：元

财产名称	计量单位	单价	盘盈数量	盘盈金额	盘亏数量	盘亏金额	原因
白厂丝	千克	200	200	40 000			待查
合计			200	40 000			

仓库保管员：郑昊天　　　盘点人：庄严　　　监盘人：张庆

账存实存对比表

单位名称：嘉陵纺织有限责任公司　　2023年5月31日　　编号：01234

编号	类别及名称	计量单位	单价	实存数量	实存金额	账存数量	账存金额	差异盘盈数量	差异盘盈金额	差异盘亏数量	差异盘亏金额	备注
	白厂丝	千克	200					200	40 000			

盘点人签章：庄严　　实物负责人签章：郑昊天　　复核：庄严　　制表人：张雪莲

（54）5月31日，盘盈白厂丝报上级批准后，冲减当期管理费用。

财产清查处理意见书

我公司月末盘点发现白厂丝盘盈200千克，计40 000元。经核实，原因已明并进行处理，白厂丝盘盈系收发计量差错，作冲减当期管理费用处理。

嘉陵纺织有限责任公司
2023年5月31日

（55）5月31日，公司计提本月应交纳的城建税和教育费附加。城建税按本月应交流转税的7%计提，教育费附加按本月应交流转税的3%计提。

应交城市维护建设税计算表

2023年5月31日　　　　　　　　　　　　　　单位：元

项　目	计税额	计提比例	提取额
增值税		7%	
消费税		7%	
合计			

财务主管：张庆　　　　　复核：庄严　　　　　制单：张雪莲

应交教育费附加计算表

2023年5月31日　　　　　　　　　　　　　　单位：元

项　目	计税额	计提比例	提取额
增值税		3%	
消费税		3%	
合计			

财务主管：张庆　　　　　复核：庄严　　　　　制单：张雪莲

(56) 5月31日，分摊本月应该负担的报刊订阅费300元。

嘉陵纺织有限责任公司费用分配表

2023年5月31日　　　　　　　　　　　　　　　金额单位：元

应借科目	分配标准	分配率	应分配金额	备注
			300	
合计				

财务主管：张庆　　　　　复核：庄严　　　　　制单：张雪莲

(57) 5月31日，将本期实现的各项收入转入"本年利润"账户。

嘉陵纺织有限责任公司内部转账单

2023年5月31日

摘要	结转账户	结转前余额	
		借方	贷方
结转至"本年利润"账户	主营业务收入		
结转至"本年利润"账户	营业外收入		
合计			

财务主管：张庆　　　　　复核：庄严　　　　　制单：张雪莲

(58) 5月31日，将本期发生的各项成本费用转入"本年利润"账户。

嘉陵纺织有限责任公司内部转账单

2023年5月31日

摘要	结转账户	结转前余额	
		借方	贷方
结转至"本年利润"账户	主营业务成本		
结转至"本年利润"账户	税金及附加		
结转至"本年利润"账户	营业外支出		
结转至"本年利润"账户	销售费用		
结转至"本年利润"账户	管理费用		
结转至"本年利润"账户	财务费用		
合计			

财务主管：张庆　　　　　复核：庄严　　　　　制单：张雪莲

(59) 5月31日，计提本月应纳企业所得税，假设无纳税调整项目，所得税税率25%。

嘉陵纺织有限责任公司所得税计算表

2023 年 5 月 31 日

项目	应纳税所得额	税率	金额
应交所得税		25%	
合　　计			

财务主管：张庆　　　　　　　复核：庄严　　　　　　　制单：张雪莲

(60) 5月31日，将所得税费用转入"本年利润"账户。

嘉陵纺织有限责任公司内部转账单

2023 年 5 月 31 日

摘　　要	结转账户	结转前余额	
		借方	贷方
结转至"本年利润"账户	所得税费用		
合　　计			

财务主管：张庆　　　　　　　复核：庄严　　　　　　　制单：张雪莲

模块三

综合模拟测试

综合模拟测试（一）

一、**单项选择题**（本题共20小题，每小题1分，共20分。每小题备选答案中，只有一个符合题意的正确答案，多选、错选、不选均不得分）

1. 下列各项中，不属于资产要素基本特点的是（　　）。
   A. 资产由企业过去的交易或事项形成　　B. 必须是有形资产
   C. 预期会给企业带来经济利益　　　　　D. 由企业拥有或控制

2. 汇总转账凭证是指按（　　）分别设置，用来汇总一定时期转账业务的一种汇总记账凭证。
   A. 每一个借方科目　　　　　　　　　　B. 每一个非现金科目
   C. 每一个贷方科目　　　　　　　　　　D. 银行存款科目

3. 在设置会计科目时，应当遵守一定的原则，下列选项中不属于这一原则的是（　　）。
   A. 真实性　　　B. 合法性　　　C. 相关性　　　D. 实用性

4. 下列选项中不属于自制原始凭证的是（　　）。
   A. 一次凭证　　　　　　　　　　　　　B. 累计凭证
   C. 火车票　　　　　　　　　　　　　　D. 汇总凭证

5. 某企业月初资产总额为300万元，本月发生下列经济业务：①赊购材料10万元；②用银行存款偿还短期借款20万元；③收到购货单位偿还欠款15万元存入银行。月末资产总额为（　　）万元。
   A. 310　　　　B. 305　　　　C. 295　　　　D. 290

6. 按照规定，记账凭证可以不附原始凭证情形的是（　　）。
   A. 提取现金　　　　　　　　　　　　　B. 结账
   C. 发工资　　　　　　　　　　　　　　D. 现金存入银行

7. 下列项目中不属于备查账簿的是（　　）。
   A. 住房基金登记簿　　　　　　　　　　B. 租入固定资产登记簿
   C. 受托加工材料登记簿　　　　　　　　D. 固定资产卡片

8. 下列选项中不属于账簿按用途分类的是（　　）。
   A. 序时账簿　　　　B. 分类账簿　　　　C. 订本账簿　　　　D. 备查账簿
9. 下列选项中不属于错账更正方法的是（　　）。
   A. 涂改法　　　　　　　　　　　　B. 划线更正法
   C. 红字更正法　　　　　　　　　　D. 补充登记法
10. 按现行制度规定，企业会计报表不包括（　　）。
    A. 资产负债表　　　　　　　　　　B. 利润表
    C. 现金流量表　　　　　　　　　　D. 会计报表附注
11. 将分散的零星的日常会计资料归纳整理为更集中、更系统、更概括的会计资料，以总括反映企业财务状况和经营成果的核算方法是（　　）。
    A. 编制会计凭证　　　　　　　　　B. 编制记账凭证
    C. 编制会计报表　　　　　　　　　D. 登记会计账簿
12. 下列有关资产类账户说法不正确的是（　　）。
    A. 借方登记增加　　　　　　　　　B. 贷方登记减少
    C. 借方登记减少　　　　　　　　　D. 期末余额一般在借方
13. 对于费用类账户来讲，下列选项中不正确的是（　　）。
    A. 费用的增加额计入账户的借方
    B. 如有期末余额，必定为贷方余额
    C. 期末结转后一般没有余额
    D. 贷方登记费用的减少数
14. 银行存款日记账是根据一些凭证逐日逐笔登记的，不包括（　　）。
    A. 现金收款凭证　　　　　　　　　B. 相关的现金付款凭证
    C. 银行存款收款凭证　　　　　　　D. 银行存款付款凭证
15. 下列选项中属于实物资产清查范围的是（　　）。
    A. 现金　　　B. 存货　　　C. 未达账项　　　D. 应收账款
16. 在财务清查中填制的"账存实存对比表"是（　　）。
    A. 登记总分类账的直接依据　　　　B. 调整账簿记录的原始凭证
    C. 调整账面记录的记账凭证　　　　D. 登记日记账的直接依据
17. 账簿中的文字或数字不要顶格书写，一般占格距的（　　）。
    A. 1/2　　　B. 2/3　　　C. 1/3　　　D. 3/5
18. 下列会计科目中，属于损益类的是（　　）。
    A. 财务费用　　B. 实收资本　　C. 长期待摊费用　　D. 制造费用
19. 现金日记账账面余额应（　　）与现金实际库存数相核对。
    A. 每月　　　B. 每15天　　　C. 每隔3~5天　　　D. 每天
20. 所有者权益类账户的期末余额一般在（　　）。
    A. 借方　　　B. 借方或贷方　　　C. 无余额　　　D. 贷方

二、多项选择题（本题共 20 小题，每小题 2 分，共 40 分。每小题备选答案中，有两个或两个以上符合题意的正确答案，多选、少选、错选、不选均不得分）

1. 下列项目中不属于所有者权益的有（   ）。
   A. 长期借款   B. 银行存款
   C. 长期投资   D. 未分配利润

2. 下列选项中不属于我国目前广泛使用的复式记账法的包括（   ）。
   A. 增减记账法   B. 收付记账法
   C. 借贷记账法   D. 反收付记账法

3. 企业接受甲公司追加投资一台不需安装的设备，价值 50 000 元。下列会计分录中不正确的有（   ）。
   A. 借：固定资产   50 000   贷：实收资本   50 000
   B. 借：制造费用   50 000   贷：实收资本   50 000
   C. 借：固定资产   50 000   贷：资本公积   50 000
   D. 借：固定资产   50 000   贷：盈余公积   50 000

4. 固定资产明细账一般不采用（   ）账簿。
   A. 活页式   B. 订本式   C. 多栏式   D. 卡片式

5. 现金日记账应定期结出发生额和余额，并与库存现金核对。下列期限中不正确的有（   ）。
   A. 每月   B. 每 15 天   C. 每隔 3~5 天   D. 每日

6. "生产成本""制造费用"等成本费用类明细账一般不采用（   ）账页。
   A. 三栏式   B. 借方多栏式
   C. 数量金额式   D. 贷方多栏式

7. 对账的主要内容包括（   ）。
   A. 账证核对   B. 账账核对   C. 账表核对   D. 账实核对

8. 由于汇总转账凭证是按每一贷方科目设置的，为了便于汇总，编制转账的记账凭证可以是（   ）。
   A. "一借一贷"的会计分录   B. "一贷多借"的会计分录
   C. "一借多贷"的会计分录   D. "多借多贷"的会计分录

9. 企业以银行存款偿还债务，下列表述中不正确的有（   ）。
   A. 一项资产减少，一项负债减少   B. 一项资产减少，一项负债增加
   C. 一项资产增加，一项负债减少   D. 一项资产增加，一项负债增加

10. 《企业会计准则》包括（   ）等层次。
    A. 基本准则   B. 具体准则   C. 解释公告   D. 应用指南

11. 长期借款在支付利息的时候，应该（   ）。
    A. 借记"在建工程"账户   B. 借记"长期借款"账户

C. 贷记"银行存款"账户　　　　　　D. 贷记"长期借款"账户

12. 下列关于实地盘存制的说法正确的是（　　）。

A. 期末要对全部存货进行实地盘点

B. 平时存货账户只记借方，不记贷方

C. 用于工业企业，称为"以存计耗"或"盘存计耗"

D. 用于商品流通企业，称为"已存计销"或"盘存计销"

13. 会计报表的编制要求包括（　　）。

A. 真实可靠　　　　　　　　　　　B. 相关可比

C. 编报及时　　　　　　　　　　　D. 全面完整

14. 下列账簿中，通常采用三栏式账页格式的有（　　）。

A. 现金日记账　　　　　　　　　　B. 银行存款日记账

C. 总分类账　　　　　　　　　　　D. 管理费用明细账

15. 甲企业在 2023 年 7 月发生如下业务：取得罚款收入 2 000 元，取得政府补助 30 000 元，无法支付而转作收入的应付款项 40 000 元。则下列各项中正确的是（　　）。

A. 2 000 元应计入营业外收入　　　 B. 30 000 元应计入其他业务收入

C. 40 000 元应计入营业外收入　　　D. 本月营业外收入共计 72 000 元

16. 下列选项中属于会计监督特点的是（　　）。

A. 通过价值指标进行

B. 对企业的经济活动的全过程进行监督

C. 监督依据包括合法性和合理性两方面

D. 发挥会计参与管理的作用

17. 下列选项中属于会计拓展职能的是（　　）。

A. 预测经济前景　　　　　　　　　B. 评价经营业绩

C. 制订发展计划　　　　　　　　　D. 参与经济决策

18. 下列选项中属于结账程序的是（　　）。

A. 登记全部经济事项

B. 合理确定本期收入和费用

C. 计算确定本期成本、利润和亏损

D. 结算出资产、负债和所有者权益科目的本期发生额和余额

19. 乙企业进行存货清查时，发现材料短缺 300 千克，价值 15 000 元。经查明，其中 3 000 元损失是由过失责任人造成的，应由其予以赔偿，则（　　）。

A. 借记"其他应收款——过失责任人"3 000 元

B. 借记"应收账款——过失人损失"3 000 元

C. 借记"管理费用"3 000 元

D. 贷记"待处理财产损溢"3 000 元

20. 下列关于会计等式的说法中，正确的是（　　）。

A. "资产 = 负债 + 所有者权益"是最基本的会计等式，表明了会计主体在某一特定时期所拥有的各种资产与债权人、所有者之间的动态关系

B. "收入 – 费用 = 利润"这一等式动态地反映经营成果与相应期间的收入和费用之间的关系，是企业编制利润表的基础

C. "资产 = 负债 + 所有者权益"这一会计等式说明了企业经营成果对资产和所有者权益所产生的影响，体现了会计六要素之间的内在联系

D. 企业各项经济业务的发生并不会破坏会计基本等式的平衡关系

三、判断题（本题共 20 小题，每小题 1 分，共 20 分。请选择判断结果，表述正确的在括号内打"√"；表述错误的打"×"。判断错误或不做判断的不得分也不扣分）

1. 会计科目是对会计对象的基本分类，是会计核算对象的具体化。（　　）
2. 在会计核算的基本前提中，确定会计核算空间范围的是持续经营。（　　）
3. "负债类"账户的本期减少数和期末余额分别反映在借方和贷方。（　　）
4. 会计要素就是会计报表构成的基本要素，同时也是设置账户的依据。（　　）
5. 差旅费报销单按填制的手续及内容分类，属于原始凭证中的汇总凭证。（　　）
6. 审核无误的会计凭证是登记账簿的依据。（　　）
7. 会计循环既是会计信息产生的步骤，也是会计核算的基本过程，复式记账是会计核算的起点。（　　）
8. 反映企业一定会计时期经营成果的报表是资产负债表。（　　）
9. 在利润表上，营业利润加营业外收入减营业外支出，得出净利润或净亏损。（　　）
10. 所有者权益是指全部资产减去全部负债后的余额。（　　）
11. 企业向职工支付职工福利费时，应借记"应付福利费"。（　　）
12. 《小企业会计准则》适用于我国境内符合《中小企业划型标准规定》的小企业，该准则的主要目的是规范小企业会计确认、计量和报告行为。（　　）
13. 期末要对无形资产进行摊销，对固定资产计提折旧，这属于结账的内容。（　　）
14. 商业汇票到期，如企业无力支付票款，应按应付票据的账面余额，借记"应付票据"，贷记"应付账款"。（　　）
15. 固定资产的处置应通过"固定资产清理"科目核算。（　　）
16. 企业的利润一般分为营业利润、利润总额和净利润三个部分。（　　）
17. 对于中小企业，财务报表附注不是必需的部分。（　　）
18. 应收票据贴现是银行从票面金额中扣除按银行的贴现率计算确定的贴现息后，将票款余额付给贴现企业的业务活动。（　　）

19. 已加工完毕但尚未检验或已检验但尚未办理入库手续的产品属于在产品，是存货的一种表现形式。（ ）

20. 所有者权益是指企业的所有者对企业资产的要求权。（ ）

四、计算分析题（本题共 2 题，每题 10 分，共 20 分）

1. A 公司 2023 年 5 月末，银行存款日记账余额 472 000 元，银行对账单余额 664 500 元，经过核对发现以下未达账项：

（1）A 公司委托银行代收款项，甲企业偿还所欠 A 公司货款 15 000 元，银行已登记入账，企业因未收到银行的收款通知尚未记账；

（2）银行代 A 公司支付本月水电费共计 3 500 元，银行已记账，企业未收到银行的付款通知而尚未记账；

（3）A 公司购买原材料共计 231 000 元，开出支票支付货款，持票人未向银行办理手续，银行未记账；

（4）A 公司销售产品获得支票一张，货款 50 000 元，已经记账，但银行尚未入账。

要求：根据以上资料，完成银行存款余额调节表的编制。

银行存款余额调节表

2023 年 5 月　　　　　　　　　　　　　　　　　单位：元

项　目	金额	项　目	金额
企业银行存款日记账余额	472 000	银行对账单余额	664 500
加：银行已收款，企业未收款	(1)	加：企业已收款，银行未收款	(2)
减：银行已付款，企业未付款	(3)	减：企业已付款，银行未付款	(4)
调整后的余额	(5)	调整后的余额	(5)

2. 某公司 2023 年 12 月 31 日结账后有关损益类账户的本期累计发生额如下：主营业务收入 2 500 000 元，其他业务收入 250 000 元，营业外收入 20 000 元，投资收益 170 000 元，营业外支出 70 000 元，其他业务成本 150 000 元，财务费用 30 000 元，管理费用 240 000 元，税金及附加 250 000 元，销售费用 200 000 元，主营业务成本 1 300 000 元，所得税按利润总额的 25% 计算，年初未分配利润 49 600 元，按税后净利润的 10% 计提盈余公积金，向投资者分配利润 322 100 元。

要求：根据以上资料，对以下 5 个问题分别作出正确的选择。

（1）该公司在编制利润表时，"营业利润"项目应填制的金额为（　　）元。

　A. 770 000　　　　B. 750 000　　　　C. 700 000　　　　D. 580 000

（2）该公司在编制利润表时，"利润总额"项目应填制的金额为（　　）元。

　A. 750 000　　　　B. 749 600　　　　C. 700 000　　　　D. 525 000

(3) 该公司在编制利润表时,"所得税费用"项目应填制的金额为( )元。

A. 187 500　　　　B. 187 400　　　　C. 175 000　　　　D. 131 250

(4) 该公司在编制利润表时,"净利润"项目应填制的金额为( )元。

A. 562 500　　　　B. 562 200　　　　C. 525 000　　　　D. 393 750

(5) 该公司"年末未分配利润"的金额为( )元。

A. 81 875　　　　B. 100 800　　　　C. 150 400　　　　D. 200 000

综合模拟测试（二）

一、单项选择题（本题共20小题，每小题1分，共20分。每小题备选答案中，只有一个符合题意的正确答案，多选、错选、不选均不得分）

1. 下列关于会计的说法中，错误的是（　　）。
   A. 会计是一项经济管理活动
   B. 会计的主要工作是核算和监督
   C. 会计的对象是某一主体平时所发生的经济活动
   D. 货币是会计唯一的计量单位

2. 下列各项中不属于谨慎性原则要求的是（　　）。
   A. 资产计价时从低　　　　　　B. 利润估计时从高
   C. 不预计任何可能发生的收益　　D. 负债估计时从高

3. 用现金购买办公用品的会计分录为（　　）。
   A. 借：管理费用　　贷：银行存款
   B. 借：管理费用　　贷：库存现金
   C. 借：生产成本　　贷：银行存款
   D. 借：制造成本　　贷：库存现金

4. 下列选项中能反映企业财务状况的会计要素是（　　）。
   A. 收入　　　　　　B. 所有者权益
   C. 费用　　　　　　D. 利润

5. 投资人投入的资金或债权人投入的资金，投入企业后，形成企业的（　　）。
   A. 成本　　B. 费用　　C. 资产　　D. 负债

6. 下列选项中不属于会计核算一般原则的是（　　）。
   A. 划分收益性支出与资本性支出　　B. 有用性
   C. 重要性　　　　　　　　　　　　D. 货币计量

7. 下列有关"实收资本"账户的说法中，错误的是（　　）。
   A. 其属于所有者权益的账户　　　　B. 其借方登记按规定减少的资本
   C. 其贷方登记投资者投入的资本　　D. 期末无余额

8. 某公司销售服装一批，价款20 000元，税率13%，价税合计22 600元，收到转账支票，存入银行。则会计分录正确的是（　　）。
   A. 借：银行存款
   　　　贷：销售收入

B. 借：银行存款
　　　贷：主营业务收入
　　　　　应交税费——应交增值税（销项税额）
C. 借：银行存款
　　　贷：主营业务收入
　　　　　应交税费——应交增值税（销项税额）
D. 借：银行存款
　　　贷：主营业务收入

9. 下列项目中属于会计基本职能的是（　　）。
A. 计划和核算　　　　　　　　B. 预测和监督
C. 核算和监督　　　　　　　　D. 决策和监督

10. 下列各项中应计提折旧的是（　　）。
A. 未使用、不需要的固定资产
B. 按规定单独估价作为固定资产入账的土地
C. 已提足折旧继续使用的固定资产
D. 在用的机器设备

11. 将固定资产的折旧均衡地分摊到各期的折旧方法是（　　）。
A. 直线法　　　　　　　　　　B. 双倍余额递减法
C. 余额递减法　　　　　　　　D. 年数总和法

12. 下列各项经济业务中，会引起公司股东权益总额变动的是（　　）。
A. 用资本公积转增资本　　　　B. 用盈余公积弥补亏损
C. 用盈余公积转增资本　　　　D. 接受投资的现金资产

13. 企业对固定资产计提折旧时，应（　　）。
A. 借记"累计折旧"　　　　　　B. 贷记"累计折旧"
C. 借记"固定资产"　　　　　　D. 贷记"固定资产"

14. 若固定资产使用年限为 5 年，在使用年数总和法计提折旧的情况下，第一年的折旧率为（　　）。
A. 20%　　　　B. 33.33%　　　　C. 40%　　　　D. 50%

15. 下列各项中，属于"其他应收款"核算内容的是（　　）。
A. 应收销货款　　　　　　　　B. 预付购货款
C. 应收票据　　　　　　　　　D. 应收的各种赔款

16. 由企业非日常活动形成的，会导致所有者权益增加并且与所有者投入资本无关的经济利益流入称为（　　）。
A. 收入　　　　B. 费用　　　　C. 利得　　　　D. 损失

17. 企业将采用融资租赁方式租入的固定资产作为自有资产入账，主要体现了（　　）信息质量要求。

A. 实质重于形式　　B. 谨慎性　　　　C. 及时性　　　　D. 可靠性

18. 下列错误中能够通过试算平衡查找的是（　　）。

A. 重记经济业务　　　　　　　　B. 漏记经济业务
C. 借贷方向相反　　　　　　　　D. 借贷金额不等

19. 会计假设中，界定会计核算和会计信息的空间范围是（　　）。

A. 会计分期　　　　　　　　　　B. 会计主体
C. 持续经营　　　　　　　　　　D. 权责发生制

20. 企业收回某公司所欠货款现金 500 元，应（　　）。

A. 借记"库存现金"　　　　　　　B. 贷记"库存现金"
C. 借记"银行存款"　　　　　　　D. 贷记"银行存款"

二、多项选择题（本题共 20 小题，每小题 2 分，共 40 分。每小题备选答案中，有两个或两个以上符合题意的正确答案，多选、少选、错选、不选均不得分）

1. 制造企业的资金运动包括（　　）。

A. 资金的循环与周转　　　　　　B. 资金的投入
C. 资金的耗用　　　　　　　　　D. 资金的退出

2. 下列组织中可以作为一个会计主体进行核算的有（　　）。

A. 独资企业　　　　　　　　　　B. 独立核算的生产车间
C. 分公司　　　　　　　　　　　D. 多家公司组成的企业集团

3. 采用权责发生制，下列各项中不应计入本期的收入和费用的是（　　）。

A. 预付货款　　　　　　　　　　B. 上期销售货款本期收存银行
C. 本期预收下期货款存入银行　　D. 计提本期固定资产折旧费

4. 在发生（　　）情况下，试算平衡表依然是平衡的。

A. 少记某账户发生额　　　　　　B. 整笔经济业务漏记
C. 整笔经济业务重记　　　　　　D. 某一账户的金额记错

5. 企业在采用备抵法核算坏账损失时，估计坏账损失的方法有（　　）。

A. 账龄分析法　　　　　　　　　B. 应收款项余额百分比法
C. 销货百分比法　　　　　　　　D. 总价法

6. 库存现金日记账是根据（　　），按经济业务发生的先后顺序进行登记的。

A. 现金收款凭证　　　　　　　　B. 现金付款凭证
C. 银行收款凭证　　　　　　　　D. 银行付款凭证

7. 下列项目中属于不定期并且全面清查的有（　　）。

A. 单位合并、撤销以及改变隶属关系　B. 年终决算之前
C. 企业股份制改制前　　　　　　D. 单位主要领导调离时

8. 1992 年以前，我国所采用的记账方法有（　　）。

A. 单式记账法　　　　　　　　　B. 收付记账法

C. 借贷记账法　　　　　　　　　　D. 增减记账法

9. 复式记账法是指对发生的每一笔经济业务都要（　　）进行登记的一种记账方法。

A. 在同一会计期间内

B. 以相等的金额

C. 在相互联系的两个或两个以上的账户中

D. 同时

10. 制造企业购入存货的成本包括（　　）。

A. 买价　　　　　　　　　　　　　B. 运输费
C. 运输途中的合理损耗　　　　　　D. 增值税进项税额

11. 通过"管理费用"账户核算的项目有（　　）。

A. 房产税　　　　　　　　　　　　B. 无形资产摊销
C. 待业保险费　　　　　　　　　　D. 业务招待费

12. 按企业管理人员的工资计提的福利费，应（　　）。

A. 借记"生产成本"　　　　　　　 B. 借记"管理费用"
C. 贷记"应付职工薪酬——福利费"　D. 贷记"应付职工薪酬——工资"

13. 下列各项中应通过"固定资产清理"科目核算的有（　　）。

A. 盘亏的固定资产　　　　　　　　B. 出售的固定资产
C. 报废的固定资产　　　　　　　　D. 毁损的固定资产

14. 企业根据合同规定向销货方预付货款时，应（　　）。

A. 借记"预付账款"　　　　　　　 B. 贷记"银行存款"
C. 借记"银行存款"　　　　　　　 D. 贷记"预付账款"

15. 下列情况中可以用红字记账的有（　　）。

A. 在不设借贷等栏的多栏式账页中，登记减少数

B. 在三栏式账户的余额栏前，如果未标明余额方向，在余额栏内登记增加数

C. 按照红字冲账的记账凭证，冲销错误记录

D. 冲销账簿中多记录的金额

16. 下列经济业务中，会引起会计恒等式两边同时发生增减变动的有（　　）。

A. 用银行存款偿还前欠应付货款　　B. 购进材料未付款
C. 从银行提取现金　　　　　　　　D. 向银行借款，存入银行

17. 下列选项中属于"其他货币资金"核算内容的有（　　）。

A. 银行汇票存款　　　　　　　　　B. 外埠存款
C. 银行存款　　　　　　　　　　　D. 银行本票存款

18. 下列关于自行建造固定资产会计处理的表述中，正确的有（　　）。

A. 为建造固定资产支付的职工薪酬符合资本化条件的计入固定资产成本

B. 固定资产的建造成本不包括工程完工前盘亏的工程物资净损失

C. 工程完工前因正常原因造成的单项工程报废净损失计入营业外支出

D. 已达到预定可使用状态但未办理竣工决算的固定资产按暂估价值入账

19. 下列账户中，属于所有者权益账户的有（　　）。

A. "主营业务收入" 　　　　　　　　B. "营业外收入"

C. "本年利润" 　　　　　　　　　　D. "利润分配——未分配利润"

20. 下列各项中，属于会计报表附注的有（　　）。

A. 财务报表编制基础

B. 报表重要项目的说明

C. 会计政策和会计估计变更以及差错更正的说明

D. 重要会计政策、会计估计

三、判断题（本题共 20 小题，每小题 1 分，共 20 分。请选择判断结果，表述正确的在括号内打 "√"；表述错误的打 "×"。判断错误或不做判断的不得分也不扣分）

1. 会计账户是以会计科目为名称的，两者反映的内容是一致的。　（　　）
2. 在账户记录中，账户的本期增加数不一定大于本期减少数。　（　　）
3. 签订经济合同是一项经济活动，属于会计核算的内容。　（　　）
4. 会计主体必须是法律主体。　（　　）
5. "材料成本差异" 账户的月末余额只能在借方。　（　　）
6. 根据国家规定颁发给个人的科学技术等奖金可以用现金支付。　（　　）
7. 属于无法查明原因的现金短缺，经批准后，应借记 "营业外支出" 账户。
　（　　）
8. "生产成本" 账户的贷方期末余额表示在产品成本。　（　　）
9. 年终结账时，应在 "本年合计" 下面通栏划双红线。　（　　）
10. 在实际会计核算中，是通过编制试算平衡表的方法来完成试算平衡的。
　（　　）
11. 用补充登记法进行错账更正时，应按正确金额与错误金额之差，用蓝字编制一张借贷方向、账户名称及对应关系与原错误凭证相同的记账凭证，并用蓝字登记入账，以补记少记的金额。　（　　）
12. 企业从外单位取得的原始凭证遗失且无法取得证明的，可由当事人写明详细情况，由会计机构负责人、会计主管人员和单位负责人批准后代作原始凭证。　（　　）
13. 在会计核算中，每项经济业务的发生或完成，原则上都要以会计凭证为核算依据。　（　　）
14. 预收账款不多的企业，可不设置 "预收账款" 账户，将预收的贷款直接计入 "应付账款" 科目的贷方。　（　　）

15. "材料成本差异"账户的借方登记节约差异额。（   ）

16. 负债是现在交易或事项所引起的未来义务。（   ）

17. 企业可以将不同类型的经济业务合并在一起，这样可以形成复合会计分录。（   ）

18. 某公司以 1 260 万元购入了一项特许权，合同规定受益年限为 6 年，该特许权每月应摊销 17.5 万元。（   ）

19. 无法查明原因造成的现金短款应计入营业外支出。（   ）

20. 全面清查既可以是定期清查也可以是不定期清查。（   ）

四、计算分析题（本题共 2 题，每题 10 分，共 20 分）

1. 2023 年 7 月 31 日，松南公司有关账户期末余额及相关经济业务如下：

（1）"库存现金"账户借方余额 2 000 元，"银行存款"账户借方余额 350 000 元，"其他货币资金"账户借方余额 500 000 元。

（2）"应收票据及应收账款"总账账户借方余额 350 000 元，其所属明细账账户借方余额合计 480 000 元，所属明细账账户贷方余额合计 130 000 元，"坏账准备"账户贷方余额 30 000 元（均系应收账款计提）。

（3）"固定资产"账户借方余额 8 700 000 元，"累计折旧"账户贷方余额 2 600 000 元，"固定资产减值准备"账户贷方余额 600 000 元。

（4）"应付票据及应付账款"总账账户贷方余额 240 000 元，其所属明细账账户贷方余额合计 350 000 元，所属明细账账户借方余额合计 110 000 元。

（5）"预付账款"总账账户借方余额 130 000 元，其所属明细账账户借方余额合计 160 000 元，其所属明细账账户贷方余额合计 30 000 元。

（6）本月实现营业收入 2 000 000 元，营业成本为 1 500 000 元，税金及附加 240 000 元，期间费用 100 000 元，营业外收入 20 000 元，适用所得税税率 25%。

要求：根据上述资料，回答下列问题。

（1）松南公司 2023 年 7 月 31 日资产负债表中"货币资金"项目"期末余额"栏的金额是（   ）元。

A. 852 000　　　B. 2 000　　　C. 352 000　　　D. 502 000

（2）松南公司 2023 年 7 月 31 日资产负债表中"应收票据及应收账款"和"预收账款"两个项目"期末余额"栏的金额分别是（   ）元。

A. 480 000　　　B. 450 000　　　C. 350 000　　　D. 130 000

（3）松南公司 2023 年 7 月 31 日资产负债表中"固定资产"项目"期末余额"栏的金额是（   ）元。

A. 8 700 000　　　B. 6 100 000　　　C. 5 500 000　　　D. 6 700 000

（4）松南公司 2023 年 7 月 31 日资产负债表中"应付票据及应付账款"和"预付账款"两个项目"期末余额"栏的金额分别是（   ）元。

A. 240 000　　　B. 380 000　　　C. 270 000　　　D. 130 000

（5）松南公司 2023 年 7 月"利润表"中的营业利润、利润总额和净利润"本期金额"栏的金额分别是（　　）元。

A. 160 000　　　　B. 180 000　　　　C. 120 000　　　　D. 135 000

2. 某企业 2023 年 7 月 20 日购买一批材料，价款 100 000 元，尚未付款。会计人员在登记账簿时，发生了以下错误：

（1）在记账凭证中，会计人员误将"原材料"科目写成"库存商品"科目。

（2）在记账凭证中，会计人员误将金额写为 1 000 000 元。

（3）在记账凭证中，会计人员误将金额写为 10 000 元。

（4）记账凭证没有错误，会计人员在登记入账时误记为 10 000 元。

要求：根据上述材料，回答下列问题。

（1）记账凭证科目错误，应采用（　　）更正。

A. 红字更正法　　　　　　　　B. 补充登记法
C. 蓝字登记法　　　　　　　　D. 划线更正法

（2）错误（1）应采取的更正步骤为（　　）。

A. 用红字金额填写一张记账凭证，并据以登记入账：
借：库存商品　　　100 000
　　贷：应付账款　　　100 000

B. 用红字金额填写一张记账凭证，并据以登记入账：
借：原材料　　　100 000
　　贷：应付账款　　　100 000

C. 用蓝字金额填写一张正确的记账凭证，并据以登记入账：
借：原材料　　　100 000
　　贷：应付账款　　　100 000

D. 用蓝字金额填写一张正确的记账凭证，并据以登记入账：
借：库存商品　　　100 000
　　贷：应付账款　　　100 000

（3）错误（2）和（3）分别应采用的更正方法是（　　）。

A. 红字更正法；红字更正法　　　　B. 补充登记法；红字更正法
C. 蓝字登记法；补充登记法　　　　D. 红字更正法；补充登记法

（4）错误（3）的更正步骤为（　　）。

A. 在写错的金额 10 000 上划线，在旁边写上正确的金额 100 000

B. 将少记金额用蓝字金额填写一张记账凭证，并据以登记入账：
借：原材料　　　90 000
　　贷：应付账款　　　90 000

C. 用红字金额填写一张正确的记账凭证，并据以登记入账：
借：原材料　　　100 000

　　　　贷：应付账款　100 000
D. 将少记金额用红字金额填写一张记账凭证，并据以登记入账：
借：原材料　　90 000
　　　　贷：应付账款　90 000
（5）错误（4）应采用的更正方法是（　　）。
A. 红字更正法　　　　　　　　B. 蓝字更正法
C. 补充登记法　　　　　　　　D. 划线更正法

综合模拟测试（三）

一、单项选择题（本题共20小题，每小题1分，共20分。每小题备选答案中，只有一个符合题意的正确答案，多选、错选、不选均不得分）

1. （　　）是指利用技术方法推算财产物资实存数的方法。
   A. 技术推算法　　B. 实地盘点法　　C. 全面清查　　D. 局部清查

2. "应收账款"账户月末借方余额为30 000元，"坏账准备"账户月末贷方余额为150元，则本月末应收账款净额为（　　）元。
   A. 30 150　　B. 30 000　　C. 29 850　　D. 30 320

3. 资产按照预计从其持续使用和最终处置中所产生的未来净现金流入量的折现金额计量，其会计计量属性是（　　）。
   A. 现值　　B. 可变现净值　　C. 历史成本　　D. 公允价值

4. 在登记账簿时，如果经济业务发生日期为2023年11月12日，编制记账凭证日期为1月16日，登记账簿日期为11月17日，则账簿中的"日期"栏登记的时间为（　　）。
   A. 11月12日
   B. 11月16日
   C. 11月17日
   D. 11月16日或11月17日均可

5. 负债类账户的期末余额的计算公式是（　　）。
   A. 期末借方余额＝期初借方余额＋本期借方发生额－本期贷方发生额
   B. 期末借方余额＝期初借方余额＋本期贷方发生额－本期借方发生额
   C. 期末贷方余额＝期初贷方余额＋本期借方发生额－本期贷方发生额
   D. 期末贷方余额＝期初贷方余额＋本期贷方发生额－本期借方发生额

6. 某企业本月应付职工薪酬情况如下：车间生产人员工资150 000元，车间管理人员工资30 000元，厂部行政管理人员工资60 000元。那么，会计人员在核算应付职工薪酬时，应该计入管理费用科目的数额是（　　）元。
   A. 150 000　　B. 30 000　　C. 60 000　　D. 90 000

7. 下列选项中属于负债类账户的是（　　）。
   A. 管理费用　　B. 累计折旧　　C. 预付账款　　D. 预收账款

8. 某企业以拥有所有权的住房无偿提供给公司职工使用，已知该住房的购入原价为5 000 000元，公司对该住房采用直线法计提折旧，预计该住房的使用年限为50年。则在本年末确认应付职工薪酬时，计入应付职工薪酬贷方科目的金额是（　　）元。

A. 40 000　　　　　B. 60 000　　　　　C. 80 000　　　　　D. 100 000

9. 某企业进行存货清查时，发现材料短缺 20 000 元。经查，该项短缺由多种原因造成，其中属于责任人过失的部分为 3 000 元，属于定额内合理耗损部分为 1 000 元，其余 16 000 元属于非常损失。对此，会计人员的处理分录应为（　　）。

A. 借记"其他应收款——过失损失人"3 000，"管理费用"17 000；贷记"待处理财产损溢"20 000

B. 借记"其他应收款——过失损失人"3 000，"营业外支出——非常损失"17 000；贷记"待处理财产损溢"20 000

C. 借记"其他应收款——过失损失人"3 000，"管理费用"1 000，"营业外支出——非常损失"16 000；贷记"待处理财产损溢"20 000

D. 借记"其他应收款——过失损失人"3 000，"管理费用"16 000，"营业外支出——非常损失"1 000；贷记"待处理财产损溢"20 000

10. 下列各项中不符合收入定义的是（　　）。
A. 销售商品的收入　　　　　B. 提供劳务的收入
C. 让渡资产使用权的收入　　D. 处置固定资产的收入

11. 下列选项中不属于资本公积范畴的是（　　）。
A. 资本溢价　　　　　　　　B. 直接计入所有者权益的利得
C. 股本溢价　　　　　　　　D. 未分配利润

12. 下列各项中不属于科目汇总表账务处理程序优点的是（　　）。
A. 科目汇总表的编制和使用较为简便，易学易做
B. 能反映各科目的对应关系，便于查对账目
C. 一次或分次登记总分类账，可以大大减少登记总分类账的工作量
D. 可以起到试算平衡的作用，有利于保证总账登记的正确性

13. 出纳人员清点现金的时间应该是（　　）。
A. 每季度一次　　B. 每月一次　　C. 每周一次　　D. 每日一次

14. 原始凭证按照来源不同可以分为（　　）。
A. 一次凭证和累计凭证　　　B. 外来原始凭证和自制原始凭证
C. 通用凭证和专用凭证　　　D. 累计凭证和汇总凭证

15. （　　）是指核对会计账簿记录与原始凭证、记账凭证的时间、凭证编号、内容、金额是否一致，记账方向是否相符。
A. 账证核对　　B. 账账核对　　C. 账实核对　　D. 证证核对

16. 对某流动资产进行财产清查时结果盘亏，经查证属于定额内合理损耗，对此应该冲减（　　）。
A. 管理费用　　B. 其他业务成本　　C. 营业外支出　　D. 财务费用

17. 下列选项中不属于所有者权益账户的是（　　）。
A. 股本　　　　B. 资本公积　　　　C. 实收资本　　　　D. 投资收益

18. 下列项目中不属于财务报告目标的主要内容的是（   ）。

A. 向财务报告使用者提供与企业财务状况有关的会计信息

B. 向财务报告使用者提供与企业经营成果有关的会计信息

C. 反映企业管理层受托责任履行情况

D. 反映国家宏观经济管理的需要

19. 银行存款日记账属于（   ）。

A. 总分类账　　　　　　　　　　B. 明细分类账

C. 特种日记账　　　　　　　　　D. 普通日记账

20. 固定资产提足折旧之后，如果仍在使用，应该（   ）。

A. 待不再使用时报废或者变卖前停止计提折旧

B. 不再计提折旧

C. 待报废后停止计提折旧

D. 待变卖时停止计提折旧

二、多项选择题（本题共20小题，每小题2分，共40分。每小题备选答案中，有两个或两个以上符合题意的正确答案，多选、少选、错选、不选均不得分）

1. 下列关于会计主体的说法中，正确的有（   ）。

A. 会计主体一定是法律主体

B. 会计主体可以是独立法人，也可以是非法人

C. 会计主体可以是一个企业，也可是企业中的一个特定组成部分

D. 会计主体有可能是单一企业，也可能是几个企业组成的企业集团

2. 下列原始凭证中，属于自制原始凭证的有（   ）。

A. 材料入库单　　　　　　　　　B. 发出材料汇总表

C. 购货发票　　　　　　　　　　D. 工资发放明细表

3. 汇总收款凭证的编制方法有（   ）。

A. 按现金、银行存款科目的借方设置

B. 按现金、银行存款科目的贷方设置

C. 按与设置科目相对应的贷方科目加以归类、汇总

D. 按与设置科目相对应的借方科目加以归类、汇总

4. 对移交本单位档案机构保管的会计档案，需要拆封重新整理的，应由（   ）同时参与，以分清责任。

A. 财务会计部门　　　　　　　　B. 经办人

C. 本单位档案机构　　　　　　　D. 本单位人事部门

5. 下列各项中，关于所有者权益和负债的区别与联系说法正确的有（   ）。

A. 所有者权益和负债都是投资者对资产的求偿权

B. 所有者权益和负债的偿还责任不同

C. 所有者权益和负债享受的权利不同

D. 所有者权益和负债计量特性不同

6. 记账凭证审核的主要内容有（　　）。
  A. 项目是否齐全　　　　　　　　B. 科目是否正确
  C. 内容是否真实　　　　　　　　D. 数量是否正确

7. 财产清查主要解决的问题有（　　）。
  A. 确定单位财产物资的实存数和债权、债务的实际余额
  B. 查明财产物资的实存数与账面数的差异及其产生的原因
  C. 调整账目，达到账实相符
  D. 不断发现和解决会计核算和会计管理方面的问题

8. 现金的使用范围包括（　　）。
  A. 职工工资　　　B. 个人劳动报酬　　　C. 各种奖金　　　D. 零星支出

9. 下列选项中属于负债类会计科目的有（　　）。
  A. 短期借款　　　　　　　　　　B. 应付职工薪酬
  C. 应付票据　　　　　　　　　　D. 税金及附加

10. 必须逐日结出余额的账簿有（　　）。
  A. 现金总账　　　　　　　　　　B. 银行存款总账
  C. 现金日记账　　　　　　　　　D. 银行存款日记账

11. 企业盘亏材料 1 000 元，属定额内损耗，应做的处理有（　　）。
  A. 借：原材料　　　　　　1 000　　　贷：待处理财产损溢　1 000
  B. 借：待处理财产损溢　　1 000　　　贷：原材料　　　　　1 000
  C. 借：待处理财产损溢　　1 000　　　贷：管理费用　　　　1 000
  D. 借：管理费用　　　　　1 000　　　贷：待处理财产损溢　1 000

12. 下列选项中固定资产应计提折旧的有（　　）。
  A. 使用中的机器设备
  B. 已提足折旧继续使用的固定资产
  C. 以经营租赁方式租出的固定资产
  D. 新购入的厂房

13. 按照编制范围的不同，财务报表可以分为（　　）。
  A. 个别财务报表　　　　　　　　B. 内部报表
  C. 外部报表　　　　　　　　　　D. 合并财务报表

14. 下列选项中关于会计账簿的更换和保管正确的有（　　）。
  A. 总账、日记账和多数明细账每年更换一次
  B. 变动较小的明细账可以连续使用，不必每年更换
  C. 备查账不可以连续使用
  D. 会计账簿由本单位财务会计部门保管半年后，交由本单位档案管理部门保管

15. 下列项目中属于资产负债表要素的有（　　）。
    A. 资产　　　　　　　　　　　　B. 利润
    C. 收入　　　　　　　　　　　　D. 所有者权益
16. 企业本年度应纳税所得额为100万元，按25%的所得税税率计算，本年度应缴所得税为25万元，则该项经济业务涉及的账户有（　　）。
    A. 应交税费　　　　　　　　　　B. 税金及附加
    C. 其他应付款　　　　　　　　　D. 所得税费用
17. 以下各项中属于会计基本特征的有（　　）。
    A. 会计以货币作为主要计量单位　B. 会计拥有一系列专门方法
    C. 会计具有核算和监督的基本职能　D. 会计的本质就是管理活动
18. 资产负债表列报总体要求有（　　）
    A. 按照资产、负债和所有者权益三大类别分类列报
    B. 资产和负债按流动性列报
    C. 列报相关的合计
    D. 分别列示资产总计项目和负债与所有者权益之和的总计项目
19. （　　）是通常采用的账务处理程序。
    A. 记账凭证账务处理程序　　　　B. 汇总记账凭证账务处理程序
    C. 原始凭证账务处理程序　　　　D. 科目汇总表账务处理程序
20. 在资产负债表"负债及所有者权益"方填列的项目有（　　）。
    A. 累计折旧　　B. 长期应付款　　C. 预付账款　　D. 资本公积

三、判断题（本题共20小题，每小题1分，共20分。请选择判断结果，表述正确的在括号内打"√"；表述错误的打"×"。判断错误或不做判断的不得分也不扣分）

1. 在审查当年的记账凭证时，发现某记账凭证应借应贷的科目正确，但所记的金额大于实际金额，并已入账，可用红字更正法更正。（　　）
2. 原始凭证不得涂改、刮擦、挖补。原始凭证有错误的，应该由出具单位重开或更正，更正处应当加盖出具单位印章。原始凭证金额有错误的，应当由出具单位重开，不得在原始凭证上更正。（　　）
3. 期末编制会计报表的依据是总分类账和明细分类账。（　　）
4. 甲企业于2023年1月1日取得银行借款30 000元，期限为半年，年利率为5%，利息直接支付，则2023年7月1日应计提利息750元，并计入财务费用。（　　）
5. 现金日记账的借方是根据收款凭证登记的，贷方是根据付款凭证登记的。（　　）
6. 年数总和法又称直线法，是将固定资产的折旧均衡地分摊到各期的一种方法。（　　）

7. 所有者权益和负债都是对企业资产的要求权，因此它们的性质是相同的。
（　　）

8. 存货发出采用先进先出法时，发出存货的成本比较接近于其重置成本。
（　　）

9. 乙企业出资一台设备给 Y 企业，收取押金 5 000 元，3 个月租期结束以后，Y 企业对设备保管不力，乙企业扣除押金的 50% 作为罚款，其余押金退还给 Y 企业。此项业务中，其他应付款减少了 2 500 元。（　　）

10. "公允价值变动损益"科目核算企业为交易目的持有的债券投资、股票投资、基金投资等交易性金融资产的公允价值。（　　）

11. 不同类型的经济业务可以合并反映。（　　）

12. 生产部门人员的职工薪酬，借记"生产成本""制造费用""劳务成本"等科目，贷记"应付职工薪酬"科目。（　　）

13. 转账凭证与收、付款凭证的相同点在于转账凭证左上角没有设置相关科目。（　　）

14. X 企业与 Y 企业同城，属于同一票据交换区域，X 企业向 Y 企业购买产品，可申请使用银行本票。（　　）

15. 会计核算时，客观反映企业的财务状况、经营成果和现金流量，保证会计信息真实，是可靠性要求的体现。（　　）

16. 企业可以根据需要不定期地编制财务报告。（　　）

17. 为了使会计信息清晰明了，所有的会计账簿都要在年初的时候进行更换。（　　）

18. "实收资本""资本公积"账户反映了企业投入的资本，而"盈余公积""本年利润""利润分配"账户反映了企业留存收益。（　　）

19. 企业收到某公司的转账支票一张 23 万元，偿还前欠货款，则会计分录应为借记"其他货币资金" 23 万元，贷记"应收账款" 23 万元。（　　）

20. 现金日记账和银行存款日记账期末余额与总分类账的库存现金、银行存款期末余额核对属于总分类账与序时账簿的核对。（　　）

四、计算分析题（本题共 2 题，每题 10 分，共 20 分）

1. 某工业企业 2023 年 1 月发生下列经济业务：

（1）1 日，从银行提取现金 1 000 元备用。

（2）2 日，从黄海厂购进材料一批，已验收入库，价款 5 000 元，增值税税额 650 元，款项尚未支付。

（3）2 日，销售给广丰工厂 C 产品一批，价款为 100 000 元，增值税销项税额 13 000 元，款项尚未收到。

（4）3 日，厂部的张三出差，借支差旅费 500 元，已现金付讫。

（5）4 日，车间领用乙材料一批，其中用于 B 产品生产 3 000 元，用于车间一般消耗 500 元。

（6）5 日，销售给吉润公司 D 产品一批，价款为 20 000 元，增值税销项税额 2 600 元，款项尚未收到。

（7）5 日，从华东公司购进丙材料一批，价款 8 000 元，增值税进项税额 1 040 元，材料已运达企业但尚未验收入库，款项尚未支付。

（8）7 日，接到银行通知，收到广丰工厂前欠货款 116 000 元，已经办妥入账。

（9）8 日，通过银行转账支付 5 日所欠华东公司的购料款 9 280 元。

（10）10 日，购入电脑一台，增值税专用发票上价款 8 000 元，增值税税额 1 040 元，签发一张转账支票支付。

要求：根据以上经济业务，完成下列"科目汇总表"的编制（在下表的空格中填入正确的数字）。

科目汇总表

2023 年 1 月　　　　　　　　　　　　　　　　　　　　单位：元

会计科目	借方发生额	贷方发生额
库存现金	1 000	500
银行存款	116 000	（1）
应收账款	（2）	116 000
原材料	5 000	3 500
材料采购	8 000	
生产成本	3 000	
其他应收款	500	
固定资产	8 000	
主营业务收入		（3）
制造费用	500	
应交税费	（4）	19 200
应付账款	9 260	（5）
合　计	296 330	196 330

2. 华天公司2023年10月的余额试算平衡表如下：

余额试算平衡表

2023年10月31日　　　　　　　　　　　　　　　　单位：元

会计科目	期末余额 借方	期末余额 贷方
库存现金	380	
银行存款	65 000	
其他货币资金	1 220	
应收账款	36 400	
坏账准备		500
原材料	27 400	
库存商品	41 500	
材料成本差异		1 900
固定资产	324 500	
累计折旧		14 500
固定资产清理		5 000
长期待摊费用	39 300	
应付账款		31 400
预收账款		4 200
长期借款		118 000
实收资本		300 000
盈余公积		1 500
利润分配		8 700
本年利润		50 000
合　计	535 700	535 700

补充资料：

(1) 长期待摊费用中含将于半年内摊销的金额3 000元。

(2) 长期借款期末余额中将于一年到期归还的长期借款数为50 000元。

(3) 应收账款有关明细账期末余额情况为：

应收账款——A公司　贷方余额5 000

　　　　——B公司　借方余额41 400

(4) 应付账款有关明细账期末余额情况为：

应付账款——C 公司　贷方余额 39 500
　　　　——D 公司　借方余额 8 100
（5）预收账款有关明细账期末余额情况为：
预收账款——E 公司　贷方余额 7 200
　　　　——F 公司　借方余额 3 000
（6）该月计提应收账款的坏账金额为 500 元。

要求：请根据上述资料，计算华天公司 2023 年 10 月 31 日资产负债表中下列报表项目的期末数。

（1）货币资金；
（2）应收账款；
（3）预付账款；
（4）存货；
（5）应付账款。

综合模拟测试（四）

一、单项选择题（本题共20小题，每小题1分，共20分。每小题备选答案中，只有一个符合题意的正确答案，多选、错选、不选均不得分）

1. 投资者投入的固定资产，应该按照（　　）作为固定资产的入账价值。
   A. 历史成本　　　　　　　　B. 重置成本
   C. 可变现净值　　　　　　　D. 合同或协议约定的公允价值

2. 单位改变隶属关系之前的财产清查适用（　　）。
   A. 局部清查　　　　　　　　B. 定期清查
   C. 实地清查　　　　　　　　D. 全面清查

3. 甲企业收到乙企业作为资本投入的不需要安装的机器设备一台，该设备按投资合同或协议约定的价值为35 000元，不考虑其他因素，甲企业应编制的会计分录是（　　）。
   A. 借：固定资产　　35 000　　贷：实收资本——乙公司　　35 000
   B. 借：固定资产　　35 000　　贷：资本公积——乙公司　　35 000
   C. 借：固定资产　　35 000　　贷：盈余公积——乙公司　　35 000
   D. 借：固定资产　　35 000　　贷：未分配利润——乙公司　　35 000

4. 负责管理本地区会计工作的是（　　）。
   A. 乡镇级以上各级人民政府财政部门
   B. 县级以上各级人民政府财政部门
   C. 市级以上各级人民政府财政部门
   D. 省级以上各级人民政府财政部门

5. 乙企业收到投资方以现金投入的资本100万元，实际投入的金额超过了其在注册资本中所占份额的部分80万元，超过的20万元应计入（　　）账户进行核算。
   A. 实收资本　　B. 资本公积　　C. 盈余公积　　D. 投资收益

6. 货币收付以外的业务应编制（　　）。
   A. 收款凭证　　B. 付款凭证　　C. 转账凭证　　D. 原始凭证

7. 某企业购入需要安装的设备一台，价款为10 000元，支付增值税税额1 300元，另支付运输费600元，款项以银行存款支付，设备由供货商安排，支付安装费2 400元。则固定资产的入账金额是（　　）元。
   A. 14 600　　B. 13 000　　C. 11 600　　D. 10 000

8. 下列各项中属于所有者权益类科目的是（　　）。
   A. 应付股利　　　　B. 主营业务收入　　C. 长期股权投资　　D. 本年利润
9. 对定额备用金，除可以通过"备用金"账户核算外，还可以通过（　　）核算。
   A. 其他应收款　　　B. 应收账款　　　　C. 银行存款　　　　D. 库存现金
10. 某企业 2023 年 12 月销售商品一批，售价为 50 万元，增值税税额为 6.5 万元，成本为 40 万元。2023 年 6 月因商品质量严重不合格而被退回，货款已退回购货方。对于销售退回时的会计处理，会计人员甲认为应该冲减 2023 年 3 月的销售收入，同时冲减销货成本；而会计人员乙认为该批销售属于上一年度经济业务，所以应该调整期初未分配利润，而不是 2023 年 3 月的销售收入和销售成本。对此，你认为（　　）。
    A. 会计人员甲的说法正确　　　　　　B. 会计人员乙的说法正确
    C. 两者的说法都有道理　　　　　　　D. 两者的说法均错误
11. 企业某月月初资产总额为 500 万元，负债总额 260 万元。本月发生如下业务：①向银行借入 36 万元存入银行；②购买原材料一批，价税合计 30 万元，款项已用银行存款支付，月末已入库。月末该企业的所有者权益总额应为（　　）万元。
    A. 240　　　　　　B. 276　　　　　　C. 270　　　　　　D. 306
12. "销售费用"账户期末应（　　）。
    A. 有借方余额　　　　　　　　　　　B. 有贷方余额
    C. 借方、贷方均有可能出现余额　　　D. 无余额
13. 在登记会计账簿时，如果发生隔页、跳行，应当（　　）。
    A. 将空页撕掉
    B. 更改账簿记录
    C. 将空页、空行用蓝线对角划掉，加盖"作废"字样，并由记账人员签章
    D. 将空页、空行用红线对角划掉，加盖"作废"字样，并由记账人员签章
14. 月末，"本年利润"总账贷方余额 90 000 元，"利润分配"总账借方余额 100 000 元，则月度资产负债表"未分配利润"项目期末数应填列（　　）元。
    A. -10 000　　　　B. 10 000　　　　C. -100 000　　　D. 90 000
15. 下列业务中应编制转账凭证的是（　　）。
    A. 支付购买材料价款　　　　　　　　B. 支付材料运杂费
    C. 收回出售材料款　　　　　　　　　D. 车间领用材料
16. 某企业采用应收账款余额百分比法计提坏账准备。已知年末应收账款余额为 50 万元，核定的坏账计提比例为 10%，且企业本年是初次计提坏账，不考虑其他因素，年末计提坏账的会计处理为（　　）。
    A. 借：管理费用　　　　50 000　　贷：坏账准备　　　　50 000

B. 借：财务费用　　　　50 000　　贷：坏账准备　　50 000
C. 借：营业外支出　　　50 000　　贷：坏账准备　　50 000
D. 借：资产减值损失　　50 000　　贷：坏账准备　　50 000

17. 银行存款的清查是将（　　）。
    A. 银行存款日记账与总账核对
    B. 银行存款日记账与银行存款收、付款凭证核对
    C. 银行存款日记账与银行对账单核对
    D. 银行存款总账与银行存款收、付款凭证核对

18. 会计对象是企业的（　　）。
    A. 资金运动　　　　　　　　B. 经济活动
    C. 经济资源　　　　　　　　D. 劳动成果

19. 按照编制范围的不同，财务报表可分为（　　）。
    A. 内部报表和外部报表　　　B. 静态报表和动态报表
    C. 个别会计报表和合并会计报表　　D. 中期财务报表和年度财务报表

20. 用转账支票归还欠A公司货款50 000元，会计人员编制的记账凭证为：借记应收账款50 000元，贷记银行存款50 000元，审核并已入账。审核记账凭证（　　）。
    A. 没有错误　　　　　　　　B. 有错误，使用划线更正法更正
    C. 有错误，使用红字更正法更正　　D. 有错误，使用补充登记法更正

二、多项选择题（本题共20小题，每小题2分，共40分。每小题备选答案中，有两个或两个以上符合题意的正确答案，多选、少选、错选、不选均不得分）

1. 下列关于实地盘存制和永续盘存制的比较中，说法正确的有（　　）。
   A. 实地盘存制的优点在于简化存货的日常核算工作
   B. 实地盘存制减少了期末的工作量
   C. 永续盘存制有利于加强对存货的管理
   D. 永续盘存制存货明细记录的工作量较大

2. X企业从外地工厂购入材料1 000千克，买价共20 000元，增值税专用发票上的增值税额为2 600元，供应单位代垫运杂费800元。材料已到达并验收入库，但货款尚未支付，则（　　）。
   A. 借记"原材料"20 000元　　B. 借记"原材料"20 800元
   C. 贷记"应付账款"22 600元　　D. 贷记"应付账款"23 400元

3. 各种主要会计账簿的基本内容包括（　　）。
   A. 封面　　　B. 扉页　　　C. 账页　　　D. 附表

4. 下列各项中，关于会计账簿的更换与保管，说法正确的有（　　）。
   A. 会计账簿的更换通常在新会计年度建账时进行
   B. 总账、明细账和日记账应每年更换一次

C. 备查账簿可以连续使用

D. 会计账簿暂由本单位财务会计部门保管 1 年，期满以后，移交档案部门保管

5. 下列各项中，关于各类银行存款账户的特点，说法正确的有（　　）。

　A. 基本存款账户用于办理日常转账结算和库存现金收付

　B. 一般存款账户用于办理借款转存、借款归还和其他结算的资金收付

　C. 专用存款账户用于对特定用途资金进行专项管理

　D. 临时存款账户用于临时机构及企业临时经营活动发生的资金收付

6. 下列关于会计分录的书写格式说法中，正确的有（　　）。

　A. 先借后贷　　　　　　　　　　B. 左右错开

　C. 一借多贷，贷方文字对齐　　　D. 一贷多借，借方金额对齐

7. 企业期末对存货进行清查，在进行差异处理以调整账项时可能涉及的会计科目有（　　）。

　A. 管理费用　　　　　　　　　　B. 营业外支出

　C. 其他应收款　　　　　　　　　D. 待处理财产损溢

8. X 公司本月应付职工薪酬总额为 195 000 元，其中，车间生产工人工资 150 000 元，车间管理人员工资 20 000 元，厂部行政管理人员工资 15 000 元，从事专项工程人员工资 10 000 元。则（　　）。

　A. 计入制造费用 20 000 元　　　　B. 计入在建工程 10 000 元

　C. 计入生产成本 150 000 元　　　　D. 计入管理费用 15 000 元

9. 关于银行日记账和现金日记账在格式和登记方法上相同的地方有（　　）。

　A. 都是由出纳人员登记

　B. 都是按时间顺序登记

　C. 逐日结出余额

　D. 对于库存现金存入银行业务，填制其中之一即可

10. 适合使用技术推算法盘点数量的财产物资有（　　）。

　A. 露天存放的煤　　　　　　　　B. 矿石

　C. 灯具　　　　　　　　　　　　D. 现金

11. 企业应当在财务报表的显著位置（如表首）至少披露（　　）项目。

　A. 编报企业的名称

　B. 资产负债表日或财务报表涵盖的会计期间

　C. 人民币金额单位

　D. 财务报表是合并财务报表的，应当予以标明

12. 记账凭证的审核应注意的有（　　）。

　A. 内容是否真实　　　　　　　　B. 项目是否齐全

　C. 科目是否正确　　　　　　　　D. 金额是否正确

13. 下列关于会计科目和账户，说法错误的有（　　）。
    A. 会计科目是账户的名称
    B. 会计科目分为资产类、负债类与所有者权益类三大类
    C. 所有的账户均有期末余额
    D. 账户分为总分类账户与明细分类账户

14. 从利润中形成的所有者权益包括（　　）。
    A. 资本公积   B. 盈余公积
    C. 未分配利润   D. 实收资本

15. 下列关于存货清查核算的说法中，正确的有（　　）。
    A. 盘盈的存货应冲减当期的管理费用
    B. 属于自然损耗造成的定额内损耗，应计入"管理费用"
    C. 剩余净损失或未参加保险部分的损失，计入"营业外支出"
    D. 一般经营损失计入"管理费用"

16. 职工薪酬是指企业为获得职工提供的服务或解除劳动关系而给予各种形式的报酬或补偿，具体包括（　　）。
    A. 短期薪酬   B. 离职后福利
    C. 辞退福利   D. 其他长期职工福利

17. X企业采用托收承付结算方式向Y企业销售产品一批，货款10万元，增值税税额为13 000元，以银行存款代垫运杂费5 000元，已办理托收手续。则（　　）。
    A. 企业应确认的主营业务收入为113 000元
    B. 企业应确认的主营业务收入为100 000元
    C. 企业应确认的应收账款为118 000元
    D. 企业应确认的进项税销项税额为13 000元

18. 关于会计主体的概念，下列各项说法中不正确的有（　　）。
    A. 可以是独立法人，也可以是非法人
    B. 可以是一个企业，也可以是企业内部的某一个单位
    C. 可以是一个单一的企业，也可以是由几个企业组成的企业集团
    D. 会计主体所核算的生产经营活动也包括其他企业或投资者的其他生产经营活动

19. X企业2023年9月1日销售一批产品给Y企业，货已发出，专用发票上注明销售收入200 000元，增值税税额为26 000元。收到Y企业交来的商业承兑汇票一张，期限为6个月，票面利率为5%，年末计提利息。则（　　）。
    A. 收到票据时借记"应收票据"226 000元
    B. 收到票据时贷记"主营业务收入"200 000元
    C. 收到票据时贷记"应交税费——应交增值税（销项税额）"26 000元

D. 2023 年 12 月 31 日票据利息为 3 866.67 元

20. 其他业务成本包括（　　）。
A. 销售材料的成本　　　　　　　　B. 出租固定资产的折旧额
C. 出租无形资产的摊销额　　　　　D. 出租包装物的成本或摊销额

三、判断题（本题共 20 小题，每小题 1 分，共 20 分。请选择判断结果，表述正确的在括号内打"√"；表述错误的打"×"。判断错误或不做判断的不得分也不扣分）

1. 会计账簿登记中，如果不慎发生隔页，应立即将空页撕掉，并更改页码。
（　　）

2. 固定资产的大修理、中小修理等维护性支出，应在发生时计入费用。
（　　）

3. 实际成本法下，"原材料"账户用于核算库存各种材料的收发与结存情况。
（　　）

4. 在结账前发现账簿记录有文字或数字错误，而记账凭证没有错误，采用红字更正法。
（　　）

5. 企业持有固定资产是为了出售。（　　）

6. 生产车间管理人员的职工工资薪酬属于管理性费用，不能计入产品成本。
（　　）

7. X 企业在 2023 年年底接受 Y 会计师事务所的审计，该事务所要求对其 12 月的某几份记账凭证及其所附原始凭证进行复制。（　　）

8. 企业在资产负债表日或之前违反了长期借款协议，导致贷款人可随时要求清偿的负债，应当归类为流动负债。（　　）

9. 企业持有的应收票据是一项短期债权，在资产负债表上列示为流动资产。
（　　）

10. 应收账款入账价值包括销售货物或提供劳务的价款、增值税以及代购货方垫付的包装费、运杂费等。（　　）

11. 费用形成于企业的日常活动。（　　）

12. 费用的增加是在账户的借方登记的。（　　）

13. 对会计信息使用者来说，财务报告的目的包括对企业未来财务状况、经营成果和现金流量进行合理预测。（　　）

14. 企业内部有关人员在为单位购买零星物品或办公用品后，应填制报销单。（　　）

15. 在平行登记方法下，在总分类账和明细账中，只需选择一个账户进行登记。（　　）

16. 企业在对利润进行分配时，可根据实际发展对其利润进行分配，以满足企业长期、健康、稳定发展。（　　）

17. 汇总记账凭证账务处理程序便于了解账户之间的对应关系，并可以做到试算平衡。（   ）

18. 已提足折旧的固定资产，不再计提折旧；未提足折旧提前报废的固定资产必须补提折旧，直至提足折旧。（   ）

19. 总分类账户是根据总分类科目设置的，用于对会计要素具体内容进行总括分类。（   ）

20. 企业实现的净利润应当首先弥补以前年度亏损，在弥补亏损之前不得进行其他的利润分配。（   ）

四、计算分析题（本题共 2 题，每题 10 分，共 20 分）

1. 甲公司为增值税一般纳税人，增值税税率为 13%，生产中所需 A 材料按实际成本核算，2023 年 6 月发生如下经济业务：

（1）6 日，开出商业承兑汇票采购 A 材料，材料货款为 1 000 000 元，增值税为 130 000 元，对方代垫运费 4 000 元，材料已经验收入库。

（2）10 日，收到乙公司投入的 A 材料并验收入库，材料不含可扣进项税金额为 14 000 000 元，增值税为 1 820 000 元，乙公司已开出增值税专用发票，没有资本溢价。

（3）20 日，销售 A 材料，开出增值税专用发票，发票注明货款为 1 500 000 元，增值税为 195 000 元，所有款项已存入银行。A 材料成本为 1 180 000 元。

（4）30 日，自然灾害损失 A 材料 100 000 元，收入材料时所发生的增值税为 13 000 元，由保险公司赔偿 70 000 元，尚未收到，其余损失由有关部门批准处理。

（5）6 月份，生产车间生产领用 A 材料 6 000 000 元，车间管理部门领用 A 材料 1 600 000 元，行政管理部门领用 A 材料 1 200 000 元。

要求：根据以上资料，分别编写（1）~（5）笔业务的会计分录。

2. X 有限公司 2023 年 9 月 30 日有关总账和明细账的余额如下表所示（金额单位：元）：

资产账户	借或贷	余额	负债和所有者权益账户	借或贷	余额
库存现金	借	4 800	短期借款	贷	160 000
银行存款	借	218 000	应付账款	贷	52 000
其他货币资金	借	69 000	——丙公司	贷	75 000
应收账款	借	80 000	——丁公司	借	23 000
——甲公司	借	120 000	预收账款	贷	5 500
——乙公司	贷	40 000	——C 公司	贷	5 500
坏账准备	贷	1 000	应交税费	贷	14 500

续表

资产账户	借或贷	余额	负债和所有者权益账户	借或贷	余额
预付账款	借	12 000	长期借款	贷	200 000
——A 公司	贷	3 000	应付债券	贷	230 000
——B 公司	借	15 000	其中一年到期的应付债券	贷	30 000
原材料	借	46 700	长期应付款	贷	100 000
生产成本	借	95 000	实收资本	贷	1 500 000
库存商品	借	60 000	资本公积	贷	110 000
存货跌价准备	贷	2 100	盈余公积	贷	48 100
固定资产	借	1 480 000	利润分配	贷	1 900
累计折旧	贷	6 500	——未分配利润	贷	1 900
无形资产	借	402 800	本年利润	贷	36 700
资产合计		2 458 700	负债和所有者权益合计		2 458 700

要求：根据上述余额表，填列资产负债表中的下列项目。

(1) 预付账款；

(2) 存货；

(3) 应付账款；

(4) 流动负债合计；

(5) 所有者权益合计。

综合模拟测试（五）

一、**单项选择题**（本题共 20 小题，每小题 1 分，共 20 分。每小题备选答案中，只有一个符合题意的正确答案，多选、错选、不选均不得分）

1. 如果在清查银行存款时发现未达账项，应编制（　　）进行调整。
   A. 记账凭证　　　　　　　　B. 盘存单
   C. 实存账存对比表　　　　　D. 银行存款余额调节表

2. 我国企业会计准则规定，企业会计的确认、计量和报告的基础是（　　）。
   A. 收付实现制　　　　　　　B. 永续盘存制
   C. 实地盘存制　　　　　　　D. 权责发生制

3. 发生额试算平衡的理论依据是（　　）。
   A. 会计恒等式　　　　　　　B. 借贷记账法的记账规则
   C. 账户对应关系　　　　　　D. 收入－费用＝利润

4. 甲企业为增值税一般纳税人，本期外购原材料一批，购买价格为 10 000 元，增值税为 1 300 元，已取得增值税专用发票，入库前发生的挑选整理费用为 500 元。该批原材料的入账价值为（　　）元。
   A. 10 000　　　　　　　　　B. 11 300
   C. 10 500　　　　　　　　　D. 12 100

5. 以下各项中不属于原始凭证基本内容的是（　　）。
   A. 填制日期　　　　　　　　B. 经济业务内容
   C. 接受单位名称　　　　　　D. 会计科目名称

6. 下列各观点中正确的是（　　）。
   A. 从某个会计分录看，其借方账户与贷方之间互为对应账户
   B. 从某个企业看，其全部借方账户与全部贷方账户之间互为对应账户
   C. 试算平衡的目的是确定企业的全部账户的借贷方金额会计是否相等
   D. 复合会计分录是指同时存在两个以上借方账户和两个以上贷方账户的会计分录

7. 在借贷记账法下，"累计折旧"账户的期末余额等于（　　）。
   A. 期初借方余额＋本期借方发生额－本期贷方发生额
   B. 期初借方余额＋本期贷方发生额－本期借方发生额
   C. 期初贷方余额＋本期贷方发生额－本期借方发生额
   D. 期初贷方余额＋本期借方发生额－本期贷方发生额

8. 复式记账法的基本理论依据是（　　）。

　A. 期初余额 + 本期增加数 − 本期减少数 = 期末余额

　B. 收入 − 费用 = 利润

　C. 本期借方发生额合计 = 本期贷方发生额合计

　D. 资产 = 负债 + 所有者权益

9. 总账从账簿的外形特征上一般采用（　　）账簿。

　A. 订本式　　　B. 活页式　　　C. 数量金额式　　　D. 多栏式

10. 下列经济业务中，引起资产类项目和负债类项目同时减少的是（　　）。

　A. 从银行提取现金　　　　　　　B. 赊购原材料

　C. 用银行存款归还企业的短期借款　　D. 接受投资者投入的现金资产

11. 在记账后，如果发现记账凭证中科目正确，但所记金额大于应计金额，应采用（　　）更正。

　A. 划线更正法　　　　　　　B. 红字更正法

　C. 补充登记法　　　　　　　D. 以上三种中的任意一种

12. 下列账户中贷方登记增加的是（　　）。

　A. 预收账款　　　　　　　B. 制造费用

　C. 销售费用　　　　　　　D. 税金及附加

13. 我国企业的利润表采用的格式是（　　）。

　A. 多步式　　　B. 报告式　　　C. 单步式　　　D. 账户式

14. （　　）和未分配利润合称为留存收益。

　A. 盈余公积　　　B. 实收资本　　　C. 资本公积　　　D. 股本

15. 下列各项中不属于账账核对内容的是（　　）。

　A. 总分类账簿与所属明细账簿的核对

　B. 明细分类账簿之间的核对

　C. 银行存款日记账与银行对账单之间的核对

　D. 总分类账簿与序时账簿的核对

16. 甲企业 2023 年 1 月份发生如下支出：①预付租赁仓库租金，全年共 12 000 元；②支付去年第四季度水电费 2 000 元；③购买办公用具 800 元；④预计本月应承担的短期借款利息 1 500 元，季末支付。请按照权责发生制确认本月的费用数额（　　）。

　A. 3 300 元　　　B. 12 800 元　　　C. 3 800 元　　　D. 14 300 元

17. "应付票据及应付账款"账户的期初余额为贷方 1 500 元，本期贷方发生额 3 000 元，借方发生额 2 500 元，则该账户的期末余额为（　　）元。

　A. 借方 1 000　　　B. 贷方 1 000　　　C. 贷方 2 000　　　D. 借方 2 000

18. 下列各项中不属于原始凭证的是（　　）。

　A. 销货发票　　　　　　　B. 差旅费报销单

C. 现金收据　　　　　　　　　　D. 银行存款余额调节表

19. 企业销售产品一批，售价 30 000 元，款未收。该笔业务应编制的记账凭证是（　　）。

　　A. 收款凭证　　B. 付款凭证　　C. 转账凭证　　D. 以上均可

20. 不同的错账更正方法分别适用于不同的错误原因。采用补充登记法是因为（　　）导致账簿错误。

　　A. 记账凭证上会计科目错误

　　B. 记账凭证上记账方向错误

　　C. 记账凭证上会计科目或记账方向正确，所记金额大于应记金额

　　D. 记账凭证上会计科目或记账方向正确，所记金额小于应记金额

二、多项选择题（本题共 20 小题，每小题 2 分，本题型共 40 分。从每题给出的四个备选答案中选出两个或两个以上的正确答案，不选、多选、少选、错选均不得分）

1. 企业计提固定资产折旧时，累计折旧的对应账户可能有（　　）。

　　A. 生产成本　　B. 管理费用　　C. 销售费用　　D. 制造费用

2. 财务费用用以核算企业为筹集生产经营所需资金等而发生的筹资费用，包括（　　）。

　　A. 利息支出　　B. 汇兑损益　　C. 筹资手续费　　D. 现金折扣

3. 下列各项中属于流动资产的为（　　）。

　　A. 预收账款　　B. 预付账款　　C. 银行存款　　D. 固定资产

4. 在试算平衡中难以发现的错误有（　　）。

　　A. 漏记或重记同一经济业务

　　B. 借贷双方发生同样金额的记账错误或过账错误

　　C. 账户记录颠倒了记账方向，但借贷方金额相等

　　D. 借贷双方中一方多记金额，一方少记金额

5. 下列账户中借方登记增加的包括（　　）。

　　A. 固定资产　　B. 生产成本　　C. 营业外支出　　D. 短期借款

6. 资产负债表中的"货币资金"项目包括（　　）项目。

　　A. 银行存款　　B. 库存现金　　C. 其他货币资金　　D. 应收票据

7. 企业计提的固定资产折旧时，贷记"累计折旧"科目，借方可能计入（　　）等科目。

　　A. 制造费用　　　　　　　　　　B. 研发支出

　　C. 管理费用　　　　　　　　　　D. 其他业务成本

8. 账簿按账页格式分为（　　）。

　　A. 三栏式账簿　　　　　　　　　B. 多栏式账簿

　　C. 订本式账簿　　　　　　　　　D. 数量金额式账簿

9. 总分类账和明细分类账平行登记的要点包括（　　）。
   A. 依据相同　　　B. 金额相等　　　C. 方向相同　　　D. 期间相同
10. 因结算形成的负债主要有（　　）。
   A. 应付账款　　　B. 应付职工薪酬　　C. 应交税费　　　D. 预付账款
11. 账簿按其用途分为（　　）。
   A. 总账账簿　　　B. 分类账簿　　　C. 备查账簿　　　D. 序时账簿
12. 企业收回货款 1 300 元存入银行，会计在记账中将金额填为 13 000 元并已入账。其错误的更正方法应是（　　）。
   A. 划线更正法更正
   B. 用红字借记"应收账款"账户13 000元，贷记"银行存款"13 000元
   C. 用蓝字借记"银行存款"账户1 300元，贷记"应收账款"1 300元
   D. 用红字借记"银行存款"账户11 700元，贷记"应收账款"11 700元
13. 计算和判断企业经营成果及其盈亏状况的主要依据是（　　）。
   A. 收入　　　　　B. 支出　　　　　C. 费用　　　　　D. 成本
14. 一般来说账户的基本结构具体包括（　　）。
   A. 账户的名称　　　　　　　　　B. 记录经济业务的日期
   C. 摘要和凭证的编号　　　　　　D. 增加、减少的金额及余额
15. 原始凭证按照格式不同可分为（　　）。
   A. 专用凭证　　　B. 收款凭证　　　C. 付款凭证　　　D. 通用凭证
16. 下列情况中可以用红字记账的有（　　）。
   A. 在不设借贷等栏的多栏式账页中，登记减少数
   B. 在三栏式账户的余额栏前，如果未标明余额方向，在余额栏内登记增加数
   C. 按照红字冲账的记账凭证，冲销错误记录
   D. 冲销账簿中多记录的金额
17. 下列选项中属于未达账项的有（　　）。
   A. 银行已收，企业未收　　　　　B. 银行已付，企业已付
   C. 企业未付，银行已付　　　　　D. 银行未付，企业已付
18. 我国企业财务报告的构成有（　　）。
   A. 会计报表　　　　　　　　　　B. 会计报表附注
   C. 投资者投资信息表　　　　　　D. 财务情况说明书
19. 资产负债表的"期末数"栏的资料来源包括（　　）。
   A. 根据总账科目余额填列
   B. 根据明细科目余额计算填列
   C. 根据有关科目余额减去其备抵科目余额后的净额填列
   D. 根据总账科目和明细账科目余额分析计算填列

20. 根据企业会计制度的规定，下列属于会计报表附注内容的是（   ）。
   A. 关联方关系及其交易的说明
   B. 不符合基本会计假设的说明
   C. 重大投资、融资活动
   D. 不重要资产的转让及其出售情况

三、判断题（本题共 20 题，每小题 1 分，共 20 分。对于下列说法，认为正确的打"√"，错误的打"×"。不答、错答不得分也不倒扣分）

1. 所有经济业务的发生都会引起会计等式两边同时发生变化。（   ）
2. 车间管理人员工资应纳入"管理费用"核算。（   ）
3. 对所有资产类账户而言，借方表示增加，贷方表示减少。（   ）
4. 利润表是反映企业一定会计期间财务状况的报表。（   ）
5. 企业虽然不拥有其所有权，但能够实际控制的资产，也应当将其作为企业的资产予以确认。（   ）
6. 银行存款余额调节表只是为核对银行存款余额而编制的一个工作底稿，不能作为实际记账的凭证。（   ）
7. 根据合法性原则，会计科目应当符合企业会计准则的规定，企业不能对会计科目进行任何的增设、减少或合并。（   ）
8. 企业期间费用包括制造费用、销售费用、管理费用和财务费用。（   ）
9. 用于结账和更正错误的记账凭证可以不附原始凭证。（   ）
10. 为了保持账簿记录的持久性，防止涂改，登记账簿必须使用钢笔、签字笔或圆珠笔书写，不能使用铅笔。（   ）
11. 资产是指由过去的交易、事项形成并由企业拥有或控制的资源，该资源预期会给企业带来经济利益。（   ）
12. 某一特定主体的资金运动，主要包括资金的投入和折算、循环与收回、支付与赔偿。（   ）
13. 会计科目与账户都是对会计对象具体内容的科学分类，两者口径一致，但性质不同。（   ）
14. 会计期末进行试算平衡时，如果试算平衡了，就可以说明账户记录是正确的。（   ）
15. 如果原始凭证金额有误，应当由出具单位重开，不得在原始凭证上更正。（   ）
16. 科目汇总表账务处理程序，以科目汇总表作为登记总账和明细账的依据。（   ）
17. 记账凭证又称"单据"，是指在经济业务发生或完成时取得或填制的，用以记录或证明经济业务的发生或完成情况，明确经济责任的凭据。（   ）
18. 记账凭证是登记总账的依据，原始凭证是登记明细账的原始依据。（   ）

19. 结账通常包括两个方面：一是结清各种损益类账户并结出余额；二是结清各类资产、负债和所有者权益类账户的本期发生额合计和余额。（　　）

20. 企业的财产清查无论什么情况，均应先通过"待处理财产损溢"账户，最后再转入"营业外收入"或"营业外支出"账户。（　　）

四、计算分析题（本题共2题，每题10分，共20分）

1. 2023年9月某企业购入仓库，支付价款86 000元，取得增值税专用发票上注明进项税额11 180元，开出转账支票。2020年9月将其仓库出售，该仓库已提折旧8 600元，取得变卖收入73 000元，已存入银行。以现金支付清理费150元。

要求：编制转入清理，支付清理费，取得变价收入，结转清理净损益的会计分录。

根据以上资料，对以下5个问题分别做出正确的解答。

(1) 编制2023年9月取得该资产会计分录。
(2) 编制2023年9月年结转待抵扣进项税额会计分录。
(3) 编制转入清理的会计分录。
(4) 编制支付清理费用的会计分录。
(5) 编制取得变价收入的会计分录。
(6) 编制结转清理净损益的会计分录。

2. A公司2023年第三季度发生下列部分经济业务：

(1) 2023年7月份销售一批商品给甲公司，价值10 000元，货已发出，款项当即收到并存入银行。

(2) 2023年7月份预收乙公司20 000元货款；8月份货已发给乙公司，价值60 000元；9月份向乙公司收回余款40 000元。

(3) 2023年7、8、9月份各取得销售收入30 000元，款项90 000元于9月份一次收到，款项存入银行。

(4) 2023年7、8、9月份各发生的短期借款利息10 000元，共计30 000元，9月末以银行存款一次支付。

(5) 2023年9月末以银行存款预付下半年房租费60 000元。

(6) 2023年9月份以银行存款支付本月份的水电费20 000元。

要求：根据上述资料，回答下列问题。

(1) 在权责发生制下，该公司7月份的收入和费用应分别为（　　）元。
　　A. 60 000和10 000　　　　B. 40 000和10 000
　　C. 30 000和30 000　　　　D. 40 000和30 000

(2) 在收付实现制下，该公司7月份的收入和费用应分别为（　　）元。
　　A. 30 000和10 000　　　　B. 60 000和0
　　C. 60 000和10 000　　　　D. 30 000和0

（3）在权责发生制下，该公司8月份的收入应为（　　）元。
A. 90 000　　　　B. 60 000　　　　C. 70 000　　　　D. 30 000
（4）在收付实现制下，该公司9月份的收入和费用应分别为（　　）元。
A. 130 000 和 110 000　　　　　　B. 70 000 和 90 000
C. 130 000 和 90 000　　　　　　　D. 70 000 和 110 000
（5）在权责发生制下，该公司9月份的收入和费用应分别为（　　）元。
A. 70 000 和 30 000　　　　　　　B. 70 000 和 90 000
C. 30 000 和 90 000　　　　　　　D. 30 000 和 30 000

综合模拟测试（六）

一、单项选择题（本题共20小题，每小题1分，共20分。每小题备选答案中，只有一个符合题意的正确答案，多选、错选、不选均不得分）

1. 会计主体是会计核算的基本假设之一，它明确了会计工作的（　　）。
   A. 时间范围　　　B. 核算方法　　　C. 空间范围　　　D. 业务流程
2. 借贷记账法余额试算平衡的理论依据是（　　）。
   A. 资产 = 负债 + 所有者权益
   B. 收入 – 费用 = 利润
   C. 借贷记账法记账规则
   D. 期末余额 = 期初余额 + 本期增加额 – 本期减少额
3. 会计科目按提供信息详细程度及其统驭关系分类，分为总分类科目和（　　）。
   A. 资产类科目　　　　　　　　　B. 负债类科目
   C. 明细分类科目　　　　　　　　D. 所有者权益类科目
4. 下列经济业务中，（　　）属于资产内部一个项目增加，另一个项目减少的业务。
   A. 从银行提取现金　　　　　　　B. 以银行存款归还借款
   C. 借入短期借款存入银行　　　　D. 购买材料款项尚未支付
5. 企业在记录财务费用时，通常所采用的明细账格式是（　　）。
   A. 多栏式明细账　　　　　　　　B. 卡片式明细账
   C. 数量金额式明细账　　　　　　D. 横线登记式明细账
6. 存货日常收发计量上的误差、定额范围内的自然损耗，应计入的账户是（　　）。
   A. 生产成本　　　　　　　　　　B. 制造费用
   C. 管理费用　　　　　　　　　　D. 待处理财产损溢
7. 对于以现金存入银行的业务，按规定应填制（　　）。
   A. 现金收款凭证　　　　　　　　B. 银行存款收款凭证
   C. 现金付款凭证　　　　　　　　D. 银行存款付款凭证
8. 下列账户中贷方登记增加的是（　　）。
   A. 累计折旧　　　　　　　　　　B. 管理费用
   C. 销售费用　　　　　　　　　　D. 营业外支出

9. 在下列填制原始凭证的要求中，叙述错误的是（　　）。
   A. 阿拉伯数字应逐个书写，不得连笔写
   B. 原始凭证发生错误的，不得随意涂改、刮擦、挖补
   C. 原始凭证应及时填写
   D. 连续编号的原始凭证写坏作废，可以直接撕毁
10. 日记账从账簿的外形特征上一般采用（　　）账簿。
    A. 活页式　　　B. 卡片式　　　C. 订本式　　　D. 任意一种
11. 在借贷记账法下，"盈余公积"账户的期末余额等于（　　）。
    A. 期初借方余额 + 本期借方发生额 – 本期贷方发生额
    B. 期初借方余额 + 本期贷方发生额 – 本期借方发生额
    C. 期初贷方余额 + 本期贷方发生额 – 本期借方发生额
    D. 期初贷方余额 + 本期借方发生额 – 本期贷方发生额
12. 在记账无误的情况下，造成银行对账单和银行存款日记账不一致的原因是（　　）。
    A. 应付账款　　　B. 应收账款　　　C. 未达账项　　　D. 外埠存款
13. 某制造企业为增值税小规模纳税人，6月5日购入A材料一批，取得的增值税专用发票上注明的价款为42 400元，增值税额为1 272元。该企业适用的增值税征收率为3%，材料入库前的挑选整理费为400元，材料已验收入库。该企业取得的A材料的入账价值应为（　　）元。
    A. 40 400　　　B. 44 072　　　C. 47 608　　　D. 50 008
14. 下列科目中属于资产类的是（　　）。
    A. 预付账款　　　B. 预收账款　　　C. 实收资本　　　D. 资本公积
15. 记账凭证是根据审核无误的（　　）填列的。
    A. 原始凭证　　　B. 收款凭证　　　C. 付款凭证　　　D. 转账凭证
16. 下列关于所有者权益表述中，不正确的是（　　）。
    A. 所有者权益又称净资产，是指企业资产扣除负债后由所有者享有的剩余权益
    B. 所有者权益的来源包括投资者投入的资本、债权人投入的资本、留存收益等
    C. 企业不需要偿还所有者权益，除非发生减资清算
    D. 权益分为债权人权益和所有者权益，而债权人权益优先于所有者权益
17. 某企业3月末的资产总额为2 000 000元，4月份发生下列业务：①取得短期借款50 000元存入银行；②收回应收账款20 000元存入银行；③用银行存款偿还前欠货款20 000元。该企业4月末的资产总额应为（　　）。
    A. 2 030 000元　　　　　　　　B. 2 050 000元
    C. 2 070 000元　　　　　　　　D. 2 090 000元

18. 原始凭证按其来源不同，可分为（　　）。
　　A. 自制原始凭证和外来原始凭证　　B. 一次凭证和累计凭证
　　C. 收款凭证和付款凭证　　D. 汇总原始凭证和记账编制凭证
19. 填制记账凭证时，下列做法中不正确的是（　　）。
　　A. 编制更正错误的记账凭证未附原始凭证
　　B. 编制多借一贷的会计分录
　　C. 一个月内的记账凭证连续编号
　　D. 从银行提取现金，填制现金收款凭证
20. 结账前，会计人员发现在记账过程中将"3 400"误写成"4 300"，正确的更正方法是（　　）。
　　A. 用褪色药水将"4 300"褪去，然后填上正确数据"3 400"，并在更正处盖章
　　B. 用单红线将"4 300"全部划去，再在红线上方用蓝笔书写"34"并在更正处盖章
　　C. 用单红线只将"43"划去，再在红线上方用蓝笔书写"34"并在更正处盖章
　　D. 用单红线将"4 300"全部划去，在红线上方用蓝笔书写"3 400"并在更正处盖章

二、多项选择题（本题共 20 小题，每小题 2 分，本题型共 40 分。从每题给出的四个备选答案中选出两个或两个以上的正确答案，不选、多选、少选、错选均不得分）

1. 现金日记账登记的依据有（　　）。
　　A. 银行存款收款凭证　　B. 银行存款付款凭证
　　C. 现金付款凭证　　D. 现金收款凭证
2. 下列会计处理中，反映企业资金筹集业务的有（　　）。
　　A. 借记"银行存款"科目，贷记"主营业务收入"科目
　　B. 借记"固定资产"科目，贷记"银行存款"科目
　　C. 借记"银行存款"科目，贷记"长期借款"科目
　　D. 借记"银行存款"科目，贷记"实收资本"科目
3. 以下各项中构成产品成本的包括（　　）。
　　A. 直接材料　　B. 直接人工　　C. 管理费用　　D. 制造费用
4. 原始凭证的基本内容包括（　　）。
　　A. 原始凭证名称　　B. 填制凭证的日期
　　C. 经济业务内容　　D. 会计分录
5. 下列账户中（　　）的明细账适合采用数量金额式账页。
　　A. 制造费用　　B. 原材料　　C. 库存商品　　D. 应收账款

6. 按照企业会计准则规定，下列各项中影响企业营业利润的项目有（　　）。
   A. 已售商品成本　　　　　　　　B. 原材料销售收入
   C. 出售固定资产净收益　　　　　D. 转让股票所得收益
7. 下列各项中可以简化登记总账工作量的会计核算组织程序有（　　）。
   A. 记账凭证核算组织程序　　　　B. 日记总账核算组织程序
   C. 科目汇总表核算组织程序　　　D. 汇总记账凭证核算组织程序
8. 下列经济业务中记账凭证可以不附原始凭证的包括（　　）。
   A. 接受投资　　　　　　　　　　B. 结账
   C. 更正错误　　　　　　　　　　D. 向员工发放工资
9. 甲企业购入不需安装即可投入使用的生产设备一台，取得的增值税专用发票上注明的设备价款为30万元，增值税税额为3.9万元（根据税法有关规定允许抵扣），全部款项通过银行转账支付。下列相关会计处理中，正确的有（　　）。
   A. 借记"固定资产"科目30万元
   B. 借记"固定资产"科目34.8万元
   C. 借记"应交税费"科目3.9万元
   D. 贷记"银行存款"科目34.8万元
10. 财务会计报告的编制要求包括（　　）。
    A. 真实可靠　　　　　　　　　　B. 全面完整
    C. 编报及时　　　　　　　　　　D. 便于理解
11. 实物的清查方法有（　　）。
    A. 实地盘点法　　　　　　　　　B. 永续盘点法
    C. 技术推算法　　　　　　　　　D. 仪器盘点法
12. 下列项目中，（　　）属于会计信息质量要求。
    A. 相关性原则　　　　　　　　　B. 客观性原则
    C. 可比性原则　　　　　　　　　D. 实质重于形式原则
13. 下列各项中，属于流动负债的有（　　）。
    A. 预付账款　　B. 预收账款　　C. 应收账款　　D. 应付票据
14. 财产清查按清查时间分为（　　）。
    A. 全面清查　　B. 定期清查　　C. 不定期清查　　D. 局部清查
15. 对职工外出借款凭据，正确的处理方法有（　　）。
    A. 必须附在原始凭证之后　　　　B. 收回借款时退回原借款收据
    C. 已收回借款时退回原借款收据副本　　D. 收回借款时另开收据
16. 会计账簿按其用途不同可以分为（　　）。
    A. 分类账簿　　B. 序时账簿　　C. 备查账簿　　D. 活页账簿
17. 下列账户中，（　　）与"短期借款"账户结构相同。
    A. 主营业务收入　　B. 应付账款　　C. 实收资本　　D. 长期借款

18. "其他业务收入"账户核算的内容包括（　　）。
A. 销售产品的收入　　　　　　　B. 销售材料的收入
C. 固定资产出租收入　　　　　　D. 接受捐赠所得

19. 资产负债表中期末余额栏的填列方法有（　　）。
A. 根据一个或几个总账科目的余额填列
B. 根据明细账科目的余额计算填列
C. 根据总账科目和明细账科目的余额分析计算填列
D. 根据有关科目余额减去其备抵科目余额后的净额填列

20. 借贷记账法下，账户的借方登记（　　）。
A. 负债减少　　　　　　　　　　B. 资产增加
C. 费用减少　　　　　　　　　　D. 所有者权益增加

三、判断题（本题共 20 题，每小题 1 分，本题型共 20 分。对于下列说法，认为正确的打"√"，错误的打"×"。不答、错答不得分也不倒扣分）

1. 凡是特定主体能够以货币表现的经济活动，都是会计对象。（　　）
2. 在权责发生制下，凡在本期实际收到的现金（包括银行存款）的收入，不论其应否归属于本期，均应作为本期的费用处理；凡在本期实际以现金（包括银行存款）付出的费用，不论其应否在本期收入中取得补偿，均应作为本期的费用处理。（　　）
3. 不同账务处理程序的主要区别在于登记明细账的依据和程序不同。（　　）
4. 所有者权益是指企业资产扣除负债后由所有者享有的剩余权益。（　　）
5. 企业在生产经营活动中发生的各种业务都不会影响"资产"与"权益"的平衡关系。（　　）
6. 借贷记账法中的"借""贷"分别表示增加和减少。（　　）
7. 根据合法性原则，会计科目应当符合企业会计准则的规定，企业不能对会计科目进行任何的增设、减少或合并。（　　）
8. 只要试算平衡结果平衡，就证明各账户的登记与计算正确无误。（　　）
9. 登记账簿要用蓝黑墨水或者碳素墨水书写，不得使用圆珠笔（银行的复写账簿除外）或者铅笔书写。（　　）
10. 按清查范围分类，财产清查分为全面清查与定期清查。（　　）
11. 为了及时编制会计报表，企业单位可以提前结账。（　　）
12. 利润表是反映企业某一时刻财务状况的报表。（　　）
13. 车间管理人员的工资应在"管理费用"账户中列支。（　　）
14. 记账凭证账务处理程序是最基本的一种账务处理程序，是各种账务处理程序的基础。（　　）
15. 我国大陆境内的单位，会计核算通常以人民币作为记账本位币。业务收支以外币为主的企业，也可选择某种外币作为记账本位币，但编报的财务会计报

告应当折算为人民币反映。（　　）

16. "累计折旧"属于资产类账户，因此借方记增加，贷方记减少。（　　）

17. 结账之前，如果发现账簿中所记文字或数字有过账笔误或计算错误，而记账凭证并没有错，可用划线更正法更正。（　　）

18. 原始凭证按其来源可分为外来原始凭证和自制原始凭证。（　　）

19. 企业出租无形资产取得的收入应在"其他业务收入"账户核算。（　　）

20. 在合并利润表中，企业应当在净利润项目之下单独列示归属于母公司所有者的损益和归属于少数股东的损益，在综合收益总额项目之下单独列示归属于母公司所有者的综合收益总额和归属于少数股东的综合收益总额。（　　）

四、计算分析题（本题共2题，每题10分，共20分）

1. 甲公司6月发生以下经济业务：

（1）6月2日，用银行存款购入某上市公司股票20 000股，每股市价8元，每股包含已宣告但尚未发放的应收股利0.5元，另支付相关交易费用350元，甲公司将其划分为交易性金融资产。

（2）6月4日，销售一批商品，开具的增值税专用发票上注明的售价为800 000元，增值税税额104 000元，商品已经发出，货款已收到并存入银行，该商品的成本600 000元。

（3）6月10日，用银行存款实际支付职工工资100 000元。

（4）6月28日，计算分配职工工资150 000元，其中：生产工人工资100 000元，车间管理人员工资20 000元，企业管理人员工资30 000元。

（5）6月30日，计提固定资产折旧48 000元，其中，管理用设备折旧10 000元，生产设备折旧38 000元。

要求：逐笔编制甲公司上述业务的会计分录。

2. 某企业为增值税一般纳税人，下表为该企业2023年11月份利润表：

利润表

2023年11月　　　　　　　　　　　　　　　　　单位：元

项　　目	本期金额
一、营业收入	187 000
减：营业成本	97 000
税金及附加	3 800
销售费用	25 000
管理费用	30 000
研发费用	
财务费用	4 000
其中：利息费用	

续表

项 目	本期金额
利息收入	
二、营业利润（亏损以"-"填列）	27 200
加：营业外收入	
减：营业外支出	
三、利润总额	27 200
减：所得税费用	6 800
四、净利润	20 400

12 月份公司发生如下业务：

(1) 12 月 3 日，发生销售业务，产生收入 68 000 元。
(2) 12 月 5 日，总裁办购买办公用品 5 700 元，现金支付。
(3) 12 月 9 日，银行扣款贷款利息 3 600 元。
(4) 12 月 15 日，固定资产盘盈 45 000 元，入账。
(5) 12 月 25 日，结转产品销售成本 50 000 元。

根据 12 月份业务，该企业编制的利润表如下：

利润表

2023 年 12 月　　　　　　　　　　　　　　　　　　单位：元

项 目	期末余额
一、营业收入	(1)
减：营业成本	
税金及附加	
销售费用	
管理费用	(2)
研发费用	
财务费用	
其中：利息费用	
利息收入	
二、营业利润（亏损以"-"填列）	(3)
加：营业外收入	
减：营业外支出	
三、利润总额	(4)
减：所得税费用	
四、净利润	(5)

综合模拟测试（七）

一、**单项选择题**（本题共 20 小题，每小题 1 分，共 20 分。从每题给出的四个备选答案中选出一个正确的答案，多选、错选、不选均不得分）

1. 会计核算主要是以（　　）作为计量单位。
   A. 劳动　　　　　B. 价格　　　　　C. 实物　　　　　D. 货币
2. 会计的基本职能是（　　）。
   A. 记录和计算　　　　　　　　　B. 分析和检查
   C. 核算和监督　　　　　　　　　D. 预测和决策
3. （　　）账户的借方表示增加。
   A. 本年利润　　B. 盈余公积　　C. 预付账款　　D. 预收账款
4. 借贷记账法的试算平衡有（　　）和余额平衡两种。
   A. 发生额平衡　　　　　　　　　B. 总账平衡
   C. 明细账平衡　　　　　　　　　D. 借贷方平衡
5. 在借贷记账法下，"借""贷"二字表示（　　）。
   A. 记账时间　　B. 记账符号　　C. 记账方法　　D. 记账规则
6. 复试记账法是以会计等式资产与权益平衡关系作为记账基础，对于每一笔经济交易或事项，都要在（　　）相互联系的账户中进行记录。
   A. 一个　　　　　　　　　　　　B. 两个
   C. 两个或者两个以上　　　　　　D. 一个或一个以上
7. "生产成本"账户的期末借方余额表示（　　）。
   A. 期末完工产品的实际成本　　　B. 期末在产品的实际成本
   C. 本期产品的实际成本　　　　　D. 企业库存商品的实际成本
8. 会计科目按其归属的会计要素分类，"预收账款"科目属于（　　）。
   A. 成本类科目　　　　　　　　　B. 资产类科目
   C. 负债类科目　　　　　　　　　D. 所有者权益类科目
9. 下列项目中，引起资产有增有减的经济业务是（　　）。
   A. 向银行取得借款存入银行存款户　　B. 以现金支付职工工资
   C. 收回前欠货款存入银行　　　　　　D. 收到投资者投入的货币资金
10. 将现金存入银行这笔业务，按规定应编制（　　）。
    A. 现金收款凭证　　　　　　　　B. 现金付款凭证
    C. 转账凭证　　　　　　　　　　D. 银行存款收款凭证

11. 某企业用银行存款 8 000 元支付短期借款利息，会计人员编制的付款凭证为借"管理费用"6 000 元，贷"银行存款"6 000 元，并已登记入账。当年发现记账错误，更正时应采用的更正方法是（　　）。

　　A. 重新编制正确的付款凭证　　　　B. 划线更正法

　　C. 补充登记法　　　　　　　　　　D. 红字更正法

12. 下列各项中不属于未达账项的是（　　）。

　　A. 企业收到支票已记账，但尚未送存银行

　　B. 银行已代企业付电费，企业尚未入账

　　C. 银行代企业收到货款，银行和企业都已登记入账

　　D. 银行收到某单位支付给企业的款项，已计入银行存款增加，企业尚未收到通知

13. 下列各项中，不属于反映账务状况的会计要素是（　　）。

　　A. 资产　　　　　B. 负债　　　　　C. 所有者权益　　　D. 利润

14. "固定资产"账户反映企业固定资产的（　　）。

　　A. 净值　　　　　　　　　　　　　B. 残值

　　C. 原始价值　　　　　　　　　　　D. 累计折旧

15. 各种账务处理程序的主要区别在于（　　）。

　　A. 会计凭证的传递方式不同　　　　B. 会计分工不同

　　C. 登记明细分类账的依据不同　　　D. 登记总分类账的依据不同

16. 下列关于会计科目的说法中，不正确的是（　　）。

　　A. 会计科目是复式记账的基础，也为编制会计报表提供了条件

　　B. 对会计对象具体内容进行分类核算的项目称为会计科目

　　C. 会计科目为编制记账凭证的基础

　　D. 会计科目是对企业资金运动第三层次的划分

17. "累计折旧"账户期初贷方余额 80 000 元，本期借方发生额 20 000 元，本期贷方发生额 15 000 元。则该账户期末余额是（　　）。

　　A. 借方余额 5 000 元　　　　　　　B. 借方余额 60 000 元

　　C. 贷方余额 75 000 元　　　　　　 D. 贷方余额 85 000 元

18. 下列各项中，（　　）不属于外来原始凭证。

　　A. 银行存款的收付结算凭证　　　　B. 增值税发票

　　C. 产品验收入库单　　　　　　　　D. 火车票

19. 下列各项中，不属于原始凭证审核内容的是（　　）。

　　A. 外来凭证是否有填制单位的公章和填制人员签章

　　B. 凭证是否符合规定的审核程序

　　C. 凭证是否符合有关计划和预算

　　D. 会计科目使用是否正确

20. 结账时，应当划通栏双红线的是（　　）。
   A. 12月末结出全年累计发生额后　　B. 各月末结出全年累计发生额后
   C. 结出本季累计发生额后　　　　　D. 结出当月发生额后

二、多项选择题（本题共20小题，每小题2分，共40分。从每题给出的四个备选答案中选出两个或两个以上的正确答案，不选、多选、少选、错选均不得分）

1. 下列各项中，属于原始凭证真实性的审核内容的有（　　）。
   A. 外来原始凭证，必须有填制单位公章和填制人员签章
   B. 原始凭证日期、业务内容、数据是否真实
   C. 自制原始凭证，必须有经办部门和经办人员的签章
   D. 所记录的经济业务中是否有违反国家法律法规问题

2. 对于财产清查结果的处理要求包括（　　）。
   A. 分析产生账实不符的原因和性质，提出处理意见
   B. 积极处理多余积压财产，清理往来款项
   C. 及时调整账簿记录，保证账实相符
   D. 确定清查对象、范围，明确清查任务

3. 资产与权益的恒等关系是（　　）。
   A. 审核凭证的理论依据　　　B. 编制资产负债表的理论依据
   C. 财产清查的理论依据　　　D. 复式记账的理论依据

4. 企业实现的净利润要按一定程序进行分配，利润分配的内容有（　　）。
   A. 提取法定的盈余公积金　　B. 交纳所得税
   C. 提取任意盈余公积金　　　D. 向投资者分配利润

5. 银行存款日记账登记的依据有（　　）。
   A. 银行存款收款凭证　　　　B. 银行存款付款凭证
   C. 现金付款凭证　　　　　　D. 现金收款凭证

6. 订本式账簿一般适用于（　　）。
   A. 现金日记账　　　　　　　B. 银行存款日记账
   C. 原材料总分类账　　　　　D. 原材料明细分类账

7. 确认销售商品收入时，与"主营业务收入"科目对应的借方科目可能有（　　）。
   A. 银行存款　　　　　　　　B. 应收账款
   C. 应交税费　　　　　　　　D. 应收票据

8. 登记总分类账的依据可以是（　　）。
   A. 原始凭证　　　　　　　　B. 记账凭证
   C. 科目汇总表　　　　　　　D. 原始凭证汇总表

9. 下列关于累计凭证的说法中，正确的有（　　）。
   A. 累计凭证的特点是在一张凭证内可以连续登记相同性质的经济业务，随

时结出累计数和结余数,并按照费用限额进行费用控制,期末按实际发生额记账

B. 报销人员填制的,出纳人员据以付款的"报销凭单"属于累计凭证

C. 累计凭证是指在一定期间内多次记录发生的同类经济业务的原始凭证

D. 累计凭证是多次有效的原始凭证

10. 下列表述中正确的有（   ）。

A. 汇总记账凭证账务处理程序按每一贷方科目编制汇总转账凭证,不利于会计核算的日常分工

B. 记账凭证账务处理程序登记总分类账的工作量较大

C. 科目汇总表账务处理程序可以在总分类账中清晰地反映科目之间的对应关系

D. 记账凭证账务处理程序可以较详细地反映经济业务的发生情况

11. 企业发生的下列各项费用中,应计入管理费用的有（   ）。

A. 行政部门办公设备折旧费 B. 业务招待费

C. 在建期间发生的开办费   D. 行政管理人员工资

12. 下列各项中属于流动负债的是（   ）。

A. 长期借款   B. 应付票据

C. 应付职工薪酬   D. 所得税费用

13. 所有者权益包括（   ）。

A. 实收资本   B. 未分配利润

C. 资本公积   D. 盈余公积

14. 会计科目在会计核算中的重大意义是（   ）。

A. 复式记账的基础   B. 编制记账凭证的基础

C. 成本计算和财产清查的前提条件   D. 为编制会计报表提供了方便

15. 分类账户与明细分类账户平行登记要求做到（   ）。

A. 会计凭证相同   B. 借贷方向相同

C. 会计期间相同   D. 金额相同

16. 会计凭证的意义是（   ）。

A. 记录经济业务,提供记账依据   B. 明确经济责任,强化内部控制

C. 监督经济活动,控制经济运行   D. 汇总业务数据,编制会计报表

17. 下列情况中可以使用红色墨水记账的是（   ）。

A. 在不设借贷等栏的多栏式账页中,登记增加数

B. 在不设借贷等栏的多栏式账页中,登记减少数

C. 在三栏式账户的余额栏前,如未印明余额方向,在余额内登记正数余额

D. 在三栏式账户的余额栏前,如未印明余额方向,在余额内登记负数余额

18. 下列各项中属于企业应收款项的有（   ）。

A. 应收票据   B. 预收账款

C. 应收账款　　　　　　　　D. 其他应收款

19. 财产清查结果处理的要求（　　）。

A. 分析产生差异的原因和性质，提出处理建议

B. 积极处理多余挤压财产，清理往来款项

C. 总结经验教训，建立健全各项管理制度

D. 及时调整账簿记录，保证账实相符

20. 资产负债表的格式主要有（　　）。

A. 单步式　　　B. 账户式　　　C. 报告式　　　D. 多步式

三、判断题（本题共20题，每小题1分，共20分。对于下列说法，认为正确的打"√"，错误的打"×"。不答、错答不得分也不倒扣分）

1. 按照实质重于形式的要求，企业融资租入的固定资产应视同自有固定资产核算。（　　）

2. 费用是指企业在日常活动中发生的、会导致所有者权益减少的、与向所有者分配利润无关的经济利益的总流出，是为了取得收入而发生的资源耗费，费用通常包括营业成本和期间费用。（　　）

3. 为了确保银行存款账实相符，企业应根据银行存款余额调节表及时登记入账。（　　）

4. 在实际工作中，企业会计确认、计量和报告只能采用权责发生制基础。（　　）

5. 会计期末进行试算平衡时，如果试算平衡，也不能说明记账一定正确。（　　）

6. "累计折旧"账户是资产类账户，所以计提折旧应当计入该账户的借方。（　　）

7. 为便于管理，"应收账款""应付账款"的明细账必须采用多栏式账页格式。（　　）

8. 采用科目汇总表账务处理程序，记账凭证必须使用专用凭证格式。（　　）

9. 自制原始凭证按其填制手续不同，又可分为一次凭证、累计凭证和通用凭证。（　　）

10. 资产负债表中的所有者权益内部各项目是按照流动性或变现能力排列的。（　　）

11. "在途物资"账户期末贷方余额表示期末尚未收到的在途物资的实际成本。（　　）

12. 在我国，会计年度一般采用日历年度，即从每年的1月1日至12月31日为一个会计年度。（　　）

13. 所得税费用不会影响营业利润。（　　）

14. 复式记账法，是以资产与权益平衡关系作为记账基础，对于每一笔经济

业务，都要在两个或两个以上的账户中相互联系地进行登记，系统地反映资金运动变化结果的一种记账方法。　　　　　　　　　　　　　　　（　　）

15. 明细分类科目就是二级科目。　　　　　　　　　　　　　（　　）
16. 总分类账户最常用的格式为三栏式。　　　　　　　　　　（　　）
17. 收款凭证可分为现金收款凭证和银行存款收款凭证。　　　（　　）
18. 银行存款日记账账面余额与银行对账单的余额核对是账账核对。（　　）
19. 某企业原材料明细账由于材料品种较多，更换明细账后，重新抄一遍的工作量较大，因此可以不必每年更换账簿。　　　　　　　　　　（　　）
20. 资产负债表是将企业某一时期的全部资产、负债和所有者权益项目进行适当分类、汇总和排列后编制而成的。　　　　　　　　　　　　（　　）

四、计算分析题（本题共 2 题，每题 10 分，共 20 分）

1. 甲公司 2023 年 5 月 10 日自证券市场购入乙公司发行的股票 100 万股，共支付价款 860 万元，其中包括交易费用 4 万元。2023 年 7 月 10 日收到被投资单位宣告发放的现金股利每股 1 元，甲公司将购入的乙公司股票作为交易性金融资产核算。2023 年 9 月 2 日，甲公司出售该交易性金融资产，收到价款 900 万元。

要求：根据以上资料，对以下问题分别做出正确的解答。

（1）编制购入股票的会计处理。
（2）编制收到现金股利的会计分录。
（3）编制出售股票的会计分录。
（4）计算甲公司 2023 年利润表中因该交易性金融资产应确认的投资收益为多少万元？

2. 某月月末，A 公司试算平衡表如下表所示，要求在下表的（1）~（5）空格中填入正确的数字。（单位：元）

账户名称	期初余额		本期发生额		期末余额	
	借方	贷方	借方	贷方	借方	贷方
库存现金	（1）		60 000	20 000	70 000	
库存商品	70 000		30 000		100 000	
固定资产	100 000		（3）		（4）	
应付账款				60 000		60 000
实收资本		（2）		50 000		250 000
合计	200 000	（2）	130 000	（5）	310 000	

综合模拟测试（八）

一、**单项选择题**（本题共20小题，每小题1分，共20分。从每题给出的四个备选答案中选出一个正确的答案，多选、错选、不选均不得分）

1. 某公司期初资产总额为300 000元，当期期末负债总额比期初减少20 000元，期末所有者权益比期初增加80 000元。该企业期末权益总额为（　　）元。
   A. 280 000　　　　　　　　B. 300 000
   C. 360 000　　　　　　　　D. 380 000

2. 下列各项中，不会引起所有者权益总额变化的是（　　）。
   A. 接受捐赠　　　　　　　　B. 宣告分配现金股利
   C. 本年度实现净利润　　　　D. 接受投资者投入资本

3. 在借贷记账法下，下列各项中应登记在账户贷方的是（　　）。
   A. 费用的增加　　　　　　　B. 所有者权益的减少
   C. 负债的减少　　　　　　　D. 收入的增加

4. 有关会计科目与账户间的关系，下列表述中不正确的是（　　）。
   A. 两者口径一致，性质相同
   B. 没有会计科目，账户就缺少了设置的依据
   C. 会计科目是账户的具体运用
   D. 在实际工作中，会计科目和账户是相互通用的

5. 假定某企业1月份发生如下业务：应付厂部管理人员工资50 000元，发生车间设备维修费6 000元，预付厂部上半年财产保险费2 400元，则该企业应计入本月管理费用的金额为（　　）元。
   A. 50 000　　　B. 56 000　　　C. 56 400　　　D. 58 400

6. 下列各项中，不应作为企业资产加以核算和反映的是（　　）。
   A. 准备出售的机器设备　　　B. 委托加工物资
   C. 经营租出的设备　　　　　D. 待处理财产损溢

7. 下列各观点中，正确的是（　　）。
   A. 从某个会计分录看，其借方账户与贷方之间互为对应账户
   B. 从某个企业看，其全部借方账户与全部贷方账户之间互为对应账户
   C. 试算平衡的目的是确定企业的全部账户的借贷方金额合计是否相等
   D. 复合会计分录是指同时存在两个借方账户和两个以上贷方账户的会计分录

8. 如发现原始凭证金额有错误，应当（　　）。

A. 由会计人员直接更正并签名

B. 直接由业务经办人更正并签名

C. 由出具单位更正并加盖公章

D. 由出具单位重开，不得在原始凭证上更正

9. 下列关于财务会计报告的表述中，正确的是（　　）。

A. 资产负债表中确认的资产均为企业所拥有的资产

B. 资产负债表中的各报表基础上均按有关账户期末余额直接填列

C. 利润表是指反映企业在某一特定日期经营成果的会计报表

D. 并非所有的企业均须编制现金流量表

10. 年末结转后，"利润分配"账户的借方余额表示企业（　　）。

A. 累计进行利润分配的总额　　　　B. 累计实现的利润总额

C. 未弥补的亏损　　　　　　　　　D. 未分配的利润

11. 某企业只生产一种产品。3月1日期初在产品成本7万元；3月份发生如下费用：生产领用材料12万元，生产工人工资4万元，制造费用2万元，管理费用3万元，广告费1.6万元；月末在产品成本6万元。该企业3月份完工产品的生产成本为（　　）万元。

A. 16.6　　　　　B. 18　　　　　C. 19　　　　　D. 23.6

12. 在一个会计期间发生的一切经济业务，都要依次经过的核算程序是（　　）。

A. 填制审核凭证、复式记账凭证、编制会计报表

B. 填制审核凭证、登记账簿、编制财务会计报告

C. 设置会计科目、成本计算、复式记账

D. 复式记账、财产清查、编制会计报表

13. 下列说法中正确的是（　　）。

A. 赊购商品会导致资产和负债同时减少

B. 车间管理人员工资应计入产品成本，企业管理人员和在建工程人员的工资不能计入产品成本（车间管理人员的工资计入制造费用）

C. 银行汇票存款和银行冻结存款也属于企业的"其他货币资金"

D. 持续经营假设规范了会计工作的时间与空间范围

14. 错账更正时，划线更正法的适用范围是（　　）。

A. 记账凭证中会计科目或借贷方向错误，导致账簿记录错误

B. 记账凭证正确，登记账簿时发生文字或数字错误

C. 记账凭证中会计科目或借贷方向正确，所记金额大于应记金额，导致账簿记录错误

D. 记账凭证中会计科目或借贷方向正确，所记金额小于应记金额，导致账簿记录错误

15. 职工出差回来报销差旅费 800 元，出差前已预借 1 000 元，剩余款项交回现金。企业采用专用记账凭证方式，财务报销这项经济业务应填制的记账凭证是（　　）。

A. 收款凭证　　　　　　　　　B. 付款凭证

C. 收款凭证和转账凭证　　　　D. 付款凭证和转账凭证

16. 某企业银行存款日记账余额 112 000 元，银行已收企业未收款项 20 000 元，企业已付银行未付款项 4 000 元，银行已付企业未付款项 16 000 元，调节后的银行存款余额是（　　）元。

A. 108 000　　B. 112 000　　C. 116 000　　D. 124 000

17. 会计机构和会计人员对不真实、不合法的原始凭证，应当（　　）。

A. 不予接受　　　　　　　　　B. 予以退回

C. 予以纠正　　　　　　　　　D. 不予接受，并向单位负责人报告

18. 下列各种情况中，不需要进行全面财产清查的是（　　）。

A. 更换仓库保管人员时　　　　B. 单位主要负责人调离工作时

C. 企业股份制改造时　　　　　D. 企业改变隶属关系时

19. 如果某一账户的左方登记增加，右方登记减少，期初余额在左方，而期末余额在右方，则表明（　　）。

A. 本期增加发生额低于本期减少发生额的差额小于期初余额

B. 本期增加发生额低于本期减少发生额的差额大于期初余额

C. 本期增加发生额超过本期减少发生额的差额小于期初余额

D. 本期增加发生额超过本期减少发生额的差额大于期初余额

20. 下列各项中，不属于资产负债表中流动负债项目的是（　　）。

A. 应付职工薪酬　　　　　　　B. 应付股利

C. 一年内到期的非流动负债　　D. 应付债券

二、多项选择题（本题共 20 小题，每小题 2 分，共 40 分。从每题给出的四个备选答案中选出两个或两个以上的正确答案，不选、多选、少选、错选均不得分）

1. 下列各项经济业务中，会使企业资产总额和权益总额同时发生增加变化的有（　　）。

A. 向银行借入半年期的借款，已转入本企业银行存款账户

B. 赊购设备一台，设备已经交付使用

C. 收到某投资者投资，款项已收存银行

D. 用资本公积转增资本

2. 下列表述中不正确的有（　　）。

A. 明细账根据明细科目设置

B. 总账的余额不一定等于其所属明细账余额的合计数

C. 所有资产类总账的余额合计数应等于所有负债类总账的余额合计数

D. 库存现金日记账实质上就是库存现金的总账

3. 下列各项中属于非流动负债的有（　　）。
   A. 预收账款　　　　　　　　　　B. 长期借款
   C. 应付债券　　　　　　　　　　D. 应交税费

4. 下列关于"预付账款"账户的表述中，正确的有（　　）。
   A. 预付及补付的款项登记在账户的借方
   B. 该账户的借方余额表示预付给供货单位的款项
   C. 该账户的贷方余额，表示应当补付的款项
   D. 预付款项不多的企业，也可将预付款项并入"应付账款"账户核算

5. 某生产企业 8 月销售一批化妆品，销售价款为 100 万元，应收取的增值税销项税额为 13 万元，应交纳的消费税为 30 万元，该批化妆品的成本为 80 万元，另发生相关销售费用 0.5 万元。根据上述资料，下列表述中正确的有（　　）。
   A. 该企业 8 月份应在"主营业务成本"账户中反映借方发生额 80 万元
   B. 该企业 8 月份应在"主营业务收入"账户中反映贷方发生额 100 万元
   C. 该企业 8 月份应在"销售费用"账户中反映贷方发生额 0.5 万元
   D. 该企业 8 月份应在"税金及附加"账户中反映借方发生额 30 万元

6. 下列会计分录中，不属于复合会计分录的有（　　）。
   A. 借：制造费用　　　　　　　　10 000
   　　　管理费用　　　　　　　　 5 000
   　　　　贷：累计折旧　　　　　15 000
   B. 借：银行存款　　　　　　　　80 000
   　　　　贷：实收资本——A 公司　55 000
   　　　　　　　　——B 公司　25 000
   C. 借：管理费用——维修费　　　80 000
   　　　　贷：原材料——甲材料　60 000
   　　　　　　　　——乙材料　20 000
   D. 借：制造费用　　　　　　　　500
   　　　　贷：库存现金　　　　　500

7. 下列会计科目中，可能与"本年利润"成为对应科目的有（　　）。
   A. 所得税费用　　　　　　　　　B. 制造费用
   C. 利润分配　　　　　　　　　　D. 主营业务成本

8. 在借贷记账法下，"预付账款"账户的借方不反映（　　）。
   A. 企业债务的产生　　　　　　　B. 企业债务的增加
   C. 企业债权的产生　　　　　　　D. 企业债权的收回

9. 下列税种中，应通过"税金及附加"科目核算的有（　　）。
   A. 资源税　　　　B. 土地使用税　　　C. 增值税　　　　D. 印花税

10. 小规模纳税人应纳增值税额的计算依据是（　　）。
A. 当期销项税额　　　　　　　　B. 当期进项税额
C. 销售额　　　　　　　　　　　D. 规定的征收率

11. 下列对账工作中，不属于账账核对的有（　　）。
A. 库存现金日记账余额与库存现金总账余额核对
B. 应收、应付款项明细账与债权债务人账面记录核对
C. 财产物资明细账与财产物资保管明细账核对
D. 银行存款日记账与银行对账单核对

12. 下列固定资产的折旧方法中，属于加速折旧的有（　　）。
A. 平均年限法　　　　　　　　　B. 双倍余额递减法
C. 工作量法　　　　　　　　　　D. 年数总和法

13. 常用的各种会计核算程序，它们在（　　）方面有共同之处。
A. 登记总分类账的依据　　　　　B. 登记日记账的依据
C. 编制会计报表的依据　　　　　D. 编制记账凭证的依据

14. 下列各项中，不属于汇总记账凭证会计核算程序特点的有（　　）。
A. 根据原始凭证编制汇总原始凭证
B. 根据记账凭证登记总账
C. 根据记账凭证编制科目汇总表
D. 根据记账凭证定期编制汇总记账凭证，然后再根据汇总记账凭证登记总账

15. 下列各项资产中，可以采用实地盘点法进行清查的有（　　）。
A. 应收账款　　B. 原材料　　　C. 银行存款　　　D. 固定资产

16. 关于银行存款余额调节表，下列说法正确的有（　　）。
A. 调节后的余额表示企业可以实际动用的银行存款数额
B. 该表是通知银行更正错误的依据
C. 该表是更正本单位银行存款日记账记录的依据
D. 不能够作为调整本单位银行存款日记账记录的原始凭证

17. 下列项目中，会影响营业利润计算的有（　　）。
A. 营业收入　　B. 税金及附加　　C. 营业外收入　　D. 投资收益

18. 企业中期财务报告至少应当包括（　　）。
A. 资产负债表　　B. 附注　　　　C. 现金流量表　　D. 利润表

19. 下列关于存货清查核算的说法中，正确的有（　　）。
A. 盘盈的存货应冲减当期的管理费用
B. 属于自然损耗造成的定额内损耗，应计入"管理费用"
C. 剩余净损失或未参加保险部分的损失，计入"营业外支出"
D. 一般经营损失计入"管理费用"

20. 企业采用计划成本法核算，结转入库材料成本的超支差异时，应（　　）。
   A. 借记"材料采购"　　　　　　　　B. 贷记"材料成本差异"
   C. 借记"材料成本差异"　　　　　　D. 贷记"材料采购"

三、判断题（本题共 20 小题，每小题 1 分，共 20 分。请选择判断结果，表述正确的在括号内打"√"；表述错误的打"×"。判断错误或不做判断的不得分也不扣分）

1. 经济业务的发生，会使资产与权益总额发生变化，但不会破坏会计基本等式的平衡关系。　　　　　　　　　　　　　　　　　　　　　　（　　）

2. 企业可以将不同类型的经济业务合并在一起，这样可以形成复合会计分录。
　　　　　　　　　　　　　　　　　　　　　　　　　　　　　　　　（　　）

3. 会计科目的设置原则包括合法性原则、相关性原则和重要性原则。（　　）

4. 费用是企业发生的各项开支以及在正常生产经营活动以外的支出和损失。
　　　　　　　　　　　　　　　　　　　　　　　　　　　　　　　　（　　）

5. 年度终了，企业应将全年的净亏损转入"利润分配"账户的借方。（　　）

6. 通过平行登记，可以使总分类账户与其所属明细分类账户保持统驭和从属关系，便于核对与检查，纠正错误与遗漏。　　　　　　　　　　　（　　）

7. 账户的对应关系是指总账与明细账之间的关系。　　　　　　　　（　　）

8. "生产成本"账户的贷方期末余额表示在产品成本。　　　　　　　（　　）

9. 各种凭证不得随意涂改、刮擦、挖补，若填写有误，应用划线更正法予以更正。　　　　　　　　　　　　　　　　　　　　　　　　　　　　（　　）

10. 会计人员在记账以后，若发现所依据的记账凭证中的应借、应贷会计科目有错误，则不论金额多记还是少记，均采用红字更正法进行更正。（　　）

11. 账簿中书写的文字和数字上面要留有适当空格，一般应占格距的 1/2。
　　　　　　　　　　　　　　　　　　　　　　　　　　　　　　　　（　　）

12. 年末未分配利润的数额等于企业当年实现的税后利润加未分配利润年初数。
　　　　　　　　　　　　　　　　　　　　　　　　　　　　　　　　（　　）

13. 用补充登记法进行错账更正时，应按正确金额与错误金额之差，用蓝字编制一张借贷方向、账户名称及对应关系与原错误凭证相同的记账凭证，并用蓝字登记入账，以补记少记的金额。　　　　　　　　　　　　　　　（　　）

14. 资产、负债与所有者权益的平衡关系是企业资金运动在相对静止状态下出现的，如果考虑收入、费用等动态要素，则资产与权益总额的平衡关系必然被破坏。　　　　　　　　　　　　　　　　　　　　　　　　　　　　（　　）

15. 对未达账项应编制存款余额调节表进行调整，并据以编制记账凭证登记入账。　　　　　　　　　　　　　　　　　　　　　　　　　　　　（　　）

16. 企业从外单位取得的原始凭证遗失且无法取得证明的，可由当事人写明详细情况，由会计机构负责人、会计主管人员和单位负责人批准后代作原始凭证。
（　　）

17. 各单位每年形成的会计档案，都应由会计机构按照归档的要求，负责整理立卷，装订成册，编制会计档案保管清册。（　　）

18. 财产清查中，对于银行存款、各种往来款项至少每月与银行或有关单位核对一次。（　　）

19. 预收账款不多的企业，可不设置"预收账款"账户，将预收的贷款直接计入"应付账款"科目的贷方。（　　）

20. 出纳人员在办理收款或付款业务后，应在凭证上加盖"收讫"的戳记，以避免重复收付。（　　）

四、计算分析题（本题共2大题，每题5小题，每小题2分，共20分）

1. 甲公司2023年9月发生下列经济业务事项：

（1）3月5日，向A公司赊销产品一批，开出增值税专用发票，价款200 000元，增值税26 000元，代购货方垫付物流公司运输费6 000元。

（2）3月18日，因超过正常申报纳税三天，接受税务机关行政处罚，支付税收滞纳金及罚款505元，同时解交上月增值税20 000元。

（3）3月20日，出售公司闲置材料物资，价款20 000元，增值税税金2 600元，同时收到购货方开来的银行本票一张。

（4）3月31日，计算结转当月出售产品成本144 000元。

（5）3月31日，计提坏账准备420元。

要求：根据提供的经济业务事项编制相应的会计分录。

2. 资料：XYZ公司2023年6月30日银行存款日记账余额为150 000元，与收到的银行对账单的存款余额不符。经核对，公司与银行均无记账错误，但是发现有下列未达账款，资料如下：

（1）6月28日，XYZ公司开出一张金额为80 000元的转账支票用以支付供贷方货款，但供货方尚未持该支票到银行兑现。

（2）6月29日，XYZ公司送存银行的某客户转账支票20 000元，因对方存款不足而退票，公司未接到通知。

（3）6月30日，XYZ公司当月的水电费用1 500元银行已代为支付，但公司未接到付款通知而尚未入账。

（4）6月30日，银行计算应付给XYZ公司的利息500元，银行已入账，而公司尚未收到收款通知。

（5）6月30日，XYZ公司委托银行代收的款项150 000元，银行已转入公司的存款户，但公司尚未收到通知入账。

（6）6月30日，XYZ公司收到购货方转账支票一张，金额为20 000元，已经送存银行，但银行尚未入账。

假定 XYZ 公司与银行的存款余额调整后核对相符。

XYZ 公司编制的银行存款余额调节表如下：

银行存款余额调节表

编制单位：XYZ 公司　　　　　2023 年 6 月 30 日　　　　　　　　　单位：元

项　　目	金额	项　　目	金额
企业银行存款日记账余额	150 000	银行对账单余额	339 000
加：银行已收款，企业未收款	(1)	加：企业已收款，银行未收款	(2)
减：银行已付款，企业未付款	(3)	减：企业已付款，银行未付款	(4)
调整后的余额	(5)	调整后的余额	(5)

要求：计算表中（1）~（5）所代表的金额。

综合模拟测试（九）

一、单项选择题（本题共 20 小题，每小题 1 分，共 20 分。从每题给出的四个备选答案中选出一个正确的答案，多选、错选、不选均不得分）

1. 由于（　　），才产生了当期与以前期间、以后期间的差别，才使不同类型的会计主体有了会计确认和计量的基准，形成了权责发生制和收付实现制两种不同的会计基础，进而出现了折旧、摊销等会计处理方法。
    A. 会计主体　　　　　　　　　　B. 持续经营
    C. 会计分期　　　　　　　　　　D. 货币计量

2. 下列各项中，符合会计要素收入定义的是（　　）。
    A. 出售材料收入　　　　　　　　B. 罚款所得
    C. 出售无形资产净收益　　　　　D. 出售固定资产净收益

3. 以下各项中，不属于原始凭证基本内容的是（　　）。
    A. 填制日期　　　　　　　　　　B. 经济业务内容
    C. 接受单位名称　　　　　　　　D. 会计科目名称

4. 三栏式明细分类账适用于（　　）科目的明细分类核算。
    A. 应收账款　　B. 原材料　　C. 库存商品　　D. 管理费用

5. "资本公积"账户期初余额为贷方 5 000 000 元，本期借方发生额为 1 500 000 元，贷方发生额为 2 000 000 元，则该账户期末余额为（　　）。
    A. 借方 5 500 000 元　　　　　　B. 贷方 5 500 000 元
    C. 借方 4 500 000 元　　　　　　D. 贷方 4 500 000 元

6. 账实核对是指各种资产物资的（　　）。
    A. 账面余额与实存数额相核对
    B. 总分类账户与明细分类账户余额相核对
    C. 总账与会计凭证相核对
    D. 总账内借方发生额与贷方发生额相核对

7. 现金清查中无法查明原因的短款，经批准后应该计入（　　）账户。
    A. 管理费用　　　　　　　　　　B. 其他应收款
    C. 其他应付款　　　　　　　　　D. 营业外收入

8. 会计科目按其归属的会计要素分类，"本年利润"科目属于（　　）。
    A. 成本类科目　　　　　　　　　B. 资产类科目
    C. 负债类科目　　　　　　　　　D. 所有者权益类科目

9. 下列项目中，不影响资产总额发生变动的经济业务是（　　）。
   A. 向银行取得借款存入银行存款户　　　B. 以现金支付职工工资
   C. 收回前欠货款存入银行　　　　　　　D. 收到投资者投入的货币资金

10. 余额试算平衡的理论依据是（　　）。
    A. 会计恒等式　　　　　　　　　　　B. 借贷记账法的记账规则
    C. 账户对应关系　　　　　　　　　　D. 收入－费用＝利润

11. 不影响本期营业利润计算的项目是（　　）。
    A. 主营业务成本　　　　　　　　　　B. 管理费用
    C. 资产减值损失　　　　　　　　　　D. 营业外收入

12. 按填制手续划分，"限额领料单"是（　　）。
    A. 一次凭证　　　　　　　　　　　　B. 累计凭证
    C. 汇总凭证　　　　　　　　　　　　D. 外来原始凭证

13. 下列各项中，不属于反映经营成果的会计要素是（　　）。
    A. 收入　　　　　　　　　　　　　　B. 费用
    C. 所有者权益　　　　　　　　　　　D. 利润

14. 记账以后，如发现记账错误是由于记账凭证所列会计科目错误引起的，应采用（　　）进行错账更正。
    A. 划线更正法　　　　　　　　　　　B. 红字更正法
    C. 补充登记法　　　　　　　　　　　D. 实地盘点法

15. 下列各项中，不属于账账核对内容的是（　　）。
    A. 总分类账簿与所属明细分类账簿的核对
    B. 明细分类账簿之间的核对
    C. 银行存款日记账与银行对账单之间的核对
    D. 总分类账簿与序时账簿的核对

16. 下列项目中属于主营业务收入的是（　　）。
    A. 销售原材料取得的收入　　　　　　B. 销售商品取得的收入
    C. 包装物出租收入　　　　　　　　　D. 接受捐赠收入

17. 2023年5月1日，甲企业的资产、负债和所有者权益要满足如下等式关系：资产800 000元＝负债300 000元＋所有者权益500 000元。1月份发生如下经济业务：①用银行存款支付工资100 000元；②将公司盈余公积金80 000元转作资本金；③接受投资者投入设备一台，价值50 000元，则1月末，甲企业的资产、负债和所有者权益要素之间的关系可以表示为（　　）。
    A. 资产800 000元＝负债300 000元＋所有者权益500 000元
    B. 资产700 000元＝负债200 000元＋所有者权益500 000元
    C. 资产750 000元＝负债200 000元＋所有者权益550 000元
    D. 资产750 000元＝负债250 000元＋所有者权益500 000元

18. 下列各项中，不能作为填制记账凭证的原始依据的是（   ）。
   A. 开工单　　　　　　　　　　　　B. 成本计算单
   C. 生产通知单　　　　　　　　　　D. 银行收付款通知单
19. 会计凭证按照（   ）不同，一般可以分为原始凭证和记账凭证两类。
   A. 填制方式　　　　　　　　　　　B. 取得的来源
   C. 编制的程序和用途　　　　　　　D. 反映经济业务的次数
20. 某企业用转账支票归还欠乙公司的货款70 000元，会计人员编制的会计凭证为：借记应收账款70 000元，贷记银行存款70 000元，审核并已登记入账，该记账凭证（   ）。
   A. 没有错误　　　　　　　　　　　B. 有错误，使用划线更正法更正
   C. 有错误，使用红字更正法更正　　D. 有错误，使用补充登记法更正

二、多项选择题（本题共20小题，每小题2分，共40分。从每题给出的四个备选答案中选出两个或两个以上的正确答案，不选、多选、少选、错选均不得分）

1. 下列关于"利润分配"账户的表述中，正确的有（   ）。
   A. 年末结转后，贷方余额表示未分配利润
   B. 借方登记实际分配的利润数额
   C. 年末结转后，本账户应无余额
   D. 计提盈余可能导致分配账户的期末余额增加
2. 企业采用计划成本法核算，结转入库材料成本的超支差异时，应（   ）。
   A. 借记"材料采购"　　　　　　　　B. 贷记"材料成本差异"
   C. 借记"材料成本差异"　　　　　　D. 贷记"材料采购"
3. 下列各项中，属于流动负债的有（   ）。
   A. 预收账款　　　　　　　　　　　B. 预付账款
   C. 应收账款　　　　　　　　　　　D. 应付票据
4. 会计计量属性主要包括（   ）。
   A. 历史成本　　　　　　　　　　　B. 重置成本
   C. 可变现净值　　　　　　　　　　D. 公允价值
5. 现金日记账登记的依据有（   ）。
   A. 银行存款收款凭证　　　　　　　B. 银行存款付款凭证
   C. 现金付款凭证　　　　　　　　　D. 现金收款凭证
6. 活页式账簿一般不适用于（   ）。
   A. 现金日记账　　　　　　　　　　B. 银行存款日记账
   C. 生产成本明细分类账　　　　　　D. 生产成本总分类账
7. 下列各项中，属于成本类科目的有（   ）。
   A. 生产成本　　　　　　　　　　　B. 制造费用
   C. 管理费用　　　　　　　　　　　D. 其他业务成本

8. 下列各项中，可以成为"本年利润"账户对应账户的有（　　）。
   A. 税金及附加　　　　　　　　　B. 生产成本
   C. 利润分配　　　　　　　　　　D. 所得税费用

9. 记账凭证的审核应注意的有（　　）。
   A. 内容是否真实　　　　　　　　B. 项目是否齐全
   C. 科目是否正确　　　　　　　　D. 金额是否正确

10. 下列各项中，不能作为企业资产核算的是（　　）。
    A. 以融资租赁方式租入的设备
    B. 车间请购的设备
    C. 以经营租赁方式租入的设备
    D. 技术上已被淘汰，实物仍然存在的设备

11. 会计科目按提供信息的详细程度及其统驭关系，可以分为（　　）。
    A. 资产类科目　　B. 总分类科目　　C. 负债类科目　　D. 明细类科目

12. 借贷记账法下，账户借方表示（　　）。
    A. 资产增加　　　　　　　　　　B. 费用增加
    C. 所有者权益减少　　　　　　　D. 收入增加

13. 企业购入价值3 000元的固定资产，误计入"管理费用"账户，其结果会导致当期（　　）。
    A. 费用多计3 000元　　　　　　B. 资产多计3 000元
    C. 利润总额少计3 000元　　　　D. 总额少计3 000元

14. 科目汇总表账务处理程序的优点是（　　）。
    A. 减少登记总账的工作量
    B. 能够反映科目的对应关系
    C. 可以根据科目汇总表进行试算平衡
    D. 简明易懂

15. 某企业于2023年1月1日取得银行借款100 000元，期限9个月，年利率6%，该借款到期后按期如数偿还，利息分月预提，按季支付，则（　　）。
    A. 1月1日取得借款时，确认短期借款100 000元
    B. 1月末计提利息时，确认财务费用500元
    C. 3月末支付本季度利息时，贷记银行存款1 500元
    D. 6月末支付本季度利息时，贷记银行存款1 500元

16. 在试算平衡中难以发现的错误有（　　）。
    A. 漏记或重记同一经济业务
    B. 用错会计科目名称
    C. 会计分录的借贷方向颠倒
    D. 借贷双方中一方多记金额，一方少记金额

17. 下列经济业务中，其记账凭证可以不附原始凭证的包括（　　）。
   A. 接受投资　　　　　　　　　B. 结账
   C. 更正错误　　　　　　　　　D. 领用自产产品向职工发放福利
18. 总分类账和明细分类账平行登记的要点有（　　）。
   A. 登记的依据相同　　　　　　B. 登记的金额相等
   C. 登记的方向相同　　　　　　D. 所属会计期间相同
19. 在采用专用记账凭证的情况下，银行存款日记账是由出纳员根据（　　）逐日逐笔序时登记的。
   A. 银行存款收款凭证　　　　　B. 银行存款付款凭证
   C. 现金收款凭证　　　　　　　D. 现金付款凭证
20. 下列情况中，可以使用红色墨水记账的包括（　　）。
   A. 按照红字冲账的记账凭证，冲销错误记录
   B. 月末结账计算合计数
   C. 在三栏式账户的余额栏前，如未印明余额方向，在余额栏内登记负数金额
   D. 在不设借贷等栏的多栏式账页中，登记减少数

三、**判断题**（本题共 20 题，每小题 1 分，共 20 分。对于下列说法，认为正确的打"√"，错误的打"×"。不答、错答不得分也不倒扣分）

1. 实际会计工作中使用的账户就是"T"形账户。（　　）
2. 对于银行已登记入账，企业尚未登记入账的未达账项，可以根据"银行存款余额调节表"登记企业的银行存款日记账。（　　）
3. 会计主体确立了会计核算的空间范围，持续经营和会计分期确立了会计核算的时间长度，而货币计量则为会计核算提供充分手段。（　　）
4. 用于结账和更正错误的记账凭证可以不附原始凭证。（　　）
5. 原始凭证不得涂改、刮擦、挖补。原始凭证有错误的，应该由出具单位重开或更正，更正处应当加盖出具单位印章。原始凭证金额有错误的，应当由出具单位重开，不得在原始凭证上更正。（　　）
6. 为购建固定资产而借入的专门借款的利息应全部计入固定资产的成本。（　　）
7. 科目汇总表账务处理程序又称汇总记账凭证账务处理程序。它是根据记账凭证定期编制科目汇总表，再根据科目汇总表登记总分类账的一种账务处理程序。（　　）
8. 根据管理的要求和各种明细分类账所反映的经济内容，明细分类账的格式主要有二栏式、三栏式、多栏式、数量金额式四种。（　　）
9. 资产与权益的恒等关系，是复式记账法的理论基础，也是编制资产负债表的依据。（　　）

10. 会计科目在设置过程中应遵循合法性原则、合理性原则、相关性原则和实用性原则。（　　）

11. 企业全部的经济活动都是会计对象。（　　）

12. 法人必然是一个会计主体，但会计主体不一定是法人。（　　）

13. 企业拥有的材料，即使已经失去了使用价值与转让价值，仍然应作为资产核算。（　　）

14. 除非发生减值、清算或分派现金股利，否则企业不需要偿还所有者权益。（　　）

15. 记账凭证和原始凭证一样是登记账簿的直接依据。（　　）

16. 为了清晰反映经济业务的来龙去脉，企业只能编制一借一贷、一借多贷、多借一贷的会计分录，不能编制多借多贷的会计分录。（　　）

17. 企业在日常工作中发生的待处理财产损溢，通常必须在年报编制前处理完毕。（　　）

18. 将现金存入银行应编制银行存款收款凭证。（　　）

19. 企业生产经营管理所需的会计账簿资料是多方面的，不仅要求会计账簿能够提供总括的会计核算资料，而且要求会计核算能够提供详细的经济指标。因此，企业要对每个设置的总分类账户都设置明细分类账户，进行明细分类核算。
（　　）

20. 利润表是反映单位一定会计期间财务状况的报表。（　　）

四、综合练习题（本大题共 20 分）

资料：南光公司为增值税一般纳税人，2023 年 5 月份发生下列经济业务：

(1) 5 月 2 日，收到宏达公司投资 800 000 元，存入银行。

(2) 5 月 3 日，以银行存款 80 000 元发放工资。

(3) 5 月 4 日，以银行存款 5 000 元支付环境污染罚款。

(4) 5 月 6 日，销售给黄河公司 A 产品 2 000 件，单价 2 500 元，计 5 000 000 元，增值税销项税 650 000 元，开具增值税专用发票。收到该公司面值 5 650 000 元、期限 3 个月的商业汇票一张。

(5) 5 月 10 日，购入某上市公司股票 10 000 股，每股 4 元，将其划分为交易性金融资产，款项以银行存款支付。

(6) 5 月 13 日，以银行存款支付广告费 3 000 元。

(7) 5 月 17 日，从创世公司购入甲材料 20 000 千克，单价 100 元，计 2 000 000 元，增值税进项税 260 000 元，取得增值税专用发票。材料已经验收入库，款项尚未支付。

(8) 5 月 21 日，购入一栋房屋，取得的增值税专用发票上注明的设备价款 1 000 000 元，增值税进项税额为 130 000 元，款项以银行存款支付。

(9) 5 月 21 日，出售多余乙材料一批，价款 10 000 元，增值税销项税 1 300

元，开具增值税专用发票，款项已存入银行。

（10）5月25日，经理出差归来，报销差旅费1 500元，交回多余现金500元，现金收讫。

（11）5月27日，以银行存款100 000元预付长江公司材料款。

（12）5月28日，全部售出本月10日购入的股票，每股售价4.2元，款项存入银行。

（13）5月31日，计提本月固定资产折旧45 000元，其中，车间固定资产计提30 000元，管理部门固定资产计提6 000元，销售部门固定资产计提9 000元。

（14）5月31日，根据"发出材料汇总表"，本月发出甲材料80 000元，其中生产A产品耗用60 000元，生产B产品耗用20 000元；发出乙材料25 000元，其中生产A产品耗用20 000元，生产车间一般耗用2 000元，销售部门耗用3 000元。

（15）5月31日，分配本月职工工资共100 000元，其中，A产品生产工人工资50 000元，B产品生产工人工资10 000元，车间主任工资10 000元，管理人员工资20 000元，销售人员工资10 000元。

（16）5月31日，根据本月"制造费用"账户发生额，计算分配A、B产品成本应负担的制造费用并编制相关会计分录（假设企业发生的制造费用按照产品的生产工时比例分配，本月A、B产品生产工时分别为300工时、200工时。不要求计算过程，写出分录即可。）

（17）5月31日，结转本月完工产品成本，完工A产品成本200 000元，完工B产品成本50 000元。

（18）5月31日，结转本月已售A产品成本1 500 000元。

（19）5月31日，结转本月已售乙材料成本2 000元。

（20）5月31日，计提本月应交城市维护建设税和教育费附加。

（21）5月31日，结转本月发生的各项损益。

①将收入、利得账户转入"本年利润"。

②将费用、损失账户转入"本年利润"。

③计算并确认本月所得税，企业适用的所得税税率为25%（假设不考虑调整因素；不要求计算过程，直接写出会计分录即可）。

④结转所得税费用。

要求：

1. 根据以上经济业务编制会计分录。

2. 根据上述资料完成下列试算平衡表（请将答案写在表格下指定的空白处，不要求计算过程，直接答出结果即可）。

总分类账户本期发生额及余额试算平衡表（部分）

账户名称	期初余额 借方	期初余额 贷方	本期发生额 借方	本期发生额 贷方	期末余额 借方	期末余额 贷方
银行存款	4 000 000		853 600	1 388 000	（1）	
原材料	500 000		2 000 000	（2）	2 393 000	
累计折旧		500 000		（3）		545 000
应付职工薪酬	80 000	80 000	800 000	100 000	（4）	
制造费用			42 000	（5）		
实收资本		5 000 000		800 000		（6）
盈余公积		1 000 000				（7）
所得税费用			871 560	（8）		
本年利润		4 000 000	1 598 060	5 012 000		（9）
……	……	……	……	……	……	……
合计	16 380 000	16 380 000	5 293 660		23 379 450	23 379 450

3. 编制南光公司2023年5月份利润表。

利 润 表

2023 年 5 月

编制单位：南光公司　　　　　　　　　　　　　　　　　　　　　单位：元

项　　目	本期金额
一、营业收入	
减：营业成本	
税金及附加	
销售费用	
管理费用	
研发费用	
财务费用	
其中：利息费用	
利息收入	
资产减值损失	
信用减值损失	
加：其他收益	
投资收益（损失以"－"填列）	
其中：对联营企业的投资收益	

续表

项　目	本期金额
公允价值变动损益（损失以"－"填列）	
资产处置收益（损失以"－"填列）	
二、营业利润（亏损以"－"填列）	
加：营业外收入	
减：营业外支出	
其中：非流动资产处置损失	
三、利润总额（亏损总额以"－"填列）	
减：所得税费用	
四、净利润（净亏损以"－"填列）	
五、其他综合收益的税后净额	
（一）不能重分类进损益的其他综合收益	
1. 重新计量设定受益计划变动额	
2. 权益法下不能转损益的其他综合收益	
3. 其他权益工具投资公允价值变动	
4. 企业自身信用风险公允价值变动	
……	
（二）将重分类进损益的其他综合收益	
1. 权益法下可转损益的其他综合收益	
2. 其他债权投资公允价值变动	
3. 金融资产重分类计入其他综合收益的金额	
4. 其他债权投资信用减值准备	
5. 现金流量套期	
6. 外币财务报表折算差额	
……	
六、综合收益总额	
七、每股收益	
（一）基本每股收益	
（二）稀释每股收益	

附录一答案

附录二答案